Markus Weier und Ralf Vitt

Der Grüne Baumpython

Lebensweise • Pflege • Zucht • Erkrankungen

51 Farbfotos
9 Schwarzweißfotos
19 Zeichnungen und Diagramme

HERPETON
Verlag Elke Köhler

Titel: Grüner Baumpython in seiner typischen Ruhestellung. Foto: M. Weier
Hintergrund: Urwald in Cape-York (Australien). Foto: S. Schneider

Titel Rückseite: Blaue Farbvariante von *M. viridis* mit Jungtier. Foto: G. Hufschmid

Foto Seite 1: Weibliche *M. viridis* im Alter von 10 Jahren. Foto: M. Weier

Foto Inhaltsverzeichnis: Portrait eines Grünen Baumpythons. Foto: G. Hufschmid

Weier, Markus und Vitt, Ralf
Der Grüne Baumpython
Offenbach: Herpeton, 1999
ISBN 3-9806214-1-3

Fotos: Markus Weier, wenn nicht anders angegeben
Zeichnungen: Sonja Weier
Layout und Satz: Elke Köhler
Druck: mt druck, Neu-Isenburg

Inhaltsverzeichnis

1. Einleitung

Unter den Riesenschlangen, die in Terrarien gepflegt und gezüchtet werden, gibt es einige, die eine besondere Faszination auf den Schlangenliebhaber ausüben. Hierzu zählt sicherlich der Grüne Baumpython (*Morelia viridis*). Die immer größer werdende Beliebtheit und der Mangel an spezieller Literatur über diese Riesenschlange hat uns veranlaßt, eine umfassende Dokumentation über Haltung und Zucht zu erstellen.

Insbesondere gab die Zucht von *Morelia viridis* lange Zeit Rätsel auf. Dies lag vor allem daran, daß dieser Python früher nur selten gehalten wurde, so daß praktisch kein Erfahrungsaustausch stattfinden konnte. Bebrütungstechniken, wie sie bei anderen Riesenschlangen bereits erfolgreich angewendet wurden, brachten nicht den gewünschten Erfolg. Diese Umstände führten dazu, daß der Grüne Baumpython lange Zeit als Problemtier in Haltung und Zucht galt. Durch vermehrtes Interesse von Hobbyzüchtern sowie Forschungsergebnissen von Herpetologen hat sich in den letzten Jahren eine gewisse Kontinuität bei der Vermehrung des Grünen Baumpythons eingestellt.

Aufgrund des großen Verbreitungsgebietes sowie fehlender Fundortangaben und der hohen Individualität der einzelnen Exemplare kann kein allgemeingültiges Konzept zur erfolgreichen Pflege und Vermehrung des Grünen Baumpythons gegeben werden. Wir hoffen jedoch, daß die vorliegende Monographie, die eine Synthese aus unseren eigenen langjährigen Erfahrungen und der Auswertung der verfügbaren Literatur darstellt, eine Grundlage für die erfolgreiche Pflege und Zucht dieser faszinierenden Schlangenart bietet.

Abb. 1. Jungtier des Grünen Baumpythons. Foto: G. Hufschmid

2. Name und Systematik

Im Englischen wird der Grüne Baumpython "Green Tree Python" genannt. Von den Einheimischen in einigen Gegenden von Neuguinea wird die Art als "Jamumong" bezeichnet (NIETZKE 1972, LOVERIDGE 1974, MCDOWELL 1975). Im indonesischen Teil des Verbreitungsgebietes werden diese Schlangen weithin als "ular hijau" bezeichnet (Bahasa Indonesia für "Grüne Schlange"; pers. Mitt. KUCH 1999). Der früher gebräuchliche Gattungsname *Chondropython* ist hergeleitet von den griechischen Wörtern khondros ("rauhflächig") und puthon (schlangenartiger Drache in der griechischen Mythologie). Der Artname *viridis* bedeutet grün (GOTCH 1986).

Traditionell wurde der Grüne Baumpython in eine eigene Gattung gestellt und als *Chondropython viridis* bezeichnet. Nach dem heutigen Kenntnisstand muß die Art jedoch der Gattung *Morelia* zugeordnet werden, so daß der heute gültige wissenschaftliche Name *Morelia viridis* lautet (KLUGE 1993, O´SHEA 1996, GREER 1997).

Die Erstbeschreibung des Grünen Baumpythons erfolgte im Jahre 1872 durch SCHLEGEL unter der Bezeichnung *Python viridis*. Drei Jahre später stellte MEYER (1875) die Art in die von ihm neu aufgestellte Gattung *Chondropython* mit der Bezeichnung *Chondropython azureus* (*azureus* = blau). Einen Hinweis, daß der Grüne Baumpython innerhalb der Riesenschlangen (Familie Boidae) in die Verwandtschaft der Pythons (Unterfamilie Pythoninae) gehört, erbrachte BOULENGER (1879) durch die Beschreibung eines Supraorbital-

Abb. 2. ***Morelia viridis*** **(aus: DE ROOIJ 1917).**

Knochens (oberhalb der Augenhöhle). Dieser Autor faßte *Chondropython* als eigenständige Abstammungslinie innerhalb der Boiden auf, die sich durch einen Greifschwanz mit geteilten Schuppen auf der Schwanzunterseite (Subcaudalia) und das Fehlen von Prämaxillarzähnen (vordere Oberkieferzähne) von allen anderen Riesenschlangen unterscheidet. Später stellte sich

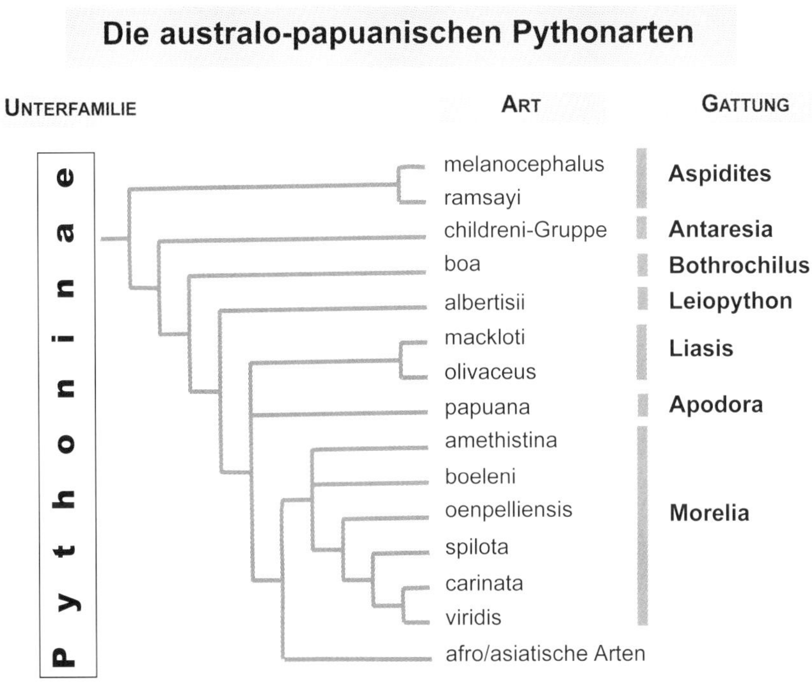

Abb. 3. Stammesgeschichtliche Verwandtschaftsbeziehungen und heute anerkannte Taxonomie der australo-papuanischen Pythonarten nach KLUGE (1993).

jedoch heraus, daß die Anzahl dieser Zähne individuell von 0-3 variiert (DUNN 1939, MCDOWELL 1975).

Die erste moderne Studie zu den stammesgeschichtlichen Verwandtschaftsverhältnissen innerhalb der Unterfamilie Pythoninae veröffentlichte MCDOWELL (1975). Nach seinen Ergebnissen stellt der Grüne Baumpython keine eigenständige Abstammungslinie dar, sondern bildet zusammen mit den in die Gattung *Morelia* gestellten Arten eine monophyletische Einheit, wobei die Art im Schwestergruppenverhältnis zu *Morelia spilota* steht. Die daraus hergeleitete Taxonomie ist aber nicht konsequent, da dieser Autor für *viridis* die Gattung *Chondropython* beibehält, anstatt sie logischerweise mit den ihr nächst verwandten Arten in einer Gattung (*Morelia*) zusammenzufassen.

In dem von MCDOWELL (1975) vorgeschlagenen taxonomischen System ist die Gattung *Morelia* nicht monophyletisch, sondern paraphyletisch: eine *Morelia*-Art (*spilota*) ist näher mit einer Art außerhalb der Gattung (mit "*Chondropython*" *viridis*) als mit den übrigen Arten ihrer Gattung verwandt. Die Untersuchungen von UNDERWOOD & STIMSON (1990) bestätigen im wesentlichen diese Ergebnisse. Die jüngste Arbeit zu den phylogenetischen Verwandtschaftsverhältnissen der australo-papuanischen Pythonarten (KLUGE 1993) ist die bisher umfassenste Studie sowohl in bezug auf einbezogene Merkmale als auch auf die untersuchten Arten. Es ist die bisher stabilste Phylogenie, die eindeutig belegt, daß der Grüne Baumpython in die nächste Verwandtschaft von *Morelia spilota*

Abb. 4 (oben). Grüner Baumpython in typischer Ruhestellung.

Abb. 5. Der Hundskopfschlinger ist trotz der oberflächlichen Ähnlichkeit nicht näher mit dem Grünen Baumpython verwandt. Foto: A. A. Schmidt

gehört und nicht auf Gattungsniveau abzugrenzen ist, sondern in die Gattung *Morelia* zu stellen ist (KLUGE 1993, O´SHEA 1996, GREER 1997). Die Merkmale, die den Grünen Baumpython äußerlich von den übrigen *Morelia*-Arten so unterschiedlich wirken lassen (grüne Färbung, Kletterschwanz), sind lediglich als Anpassungen an die baumbewohnende Lebensweise anzusehen. Dies ist eine interessante Parallele zu dem südamerikanischen Hundskopfschlinger (*Corallus caninus*, Unterfamilie Boinae), der als einzige Art der Gattung *Corallus* grün gefärbt ist.

Nach dem heutigen Kenntnisstand sind die Pythons (Unterfamilie Pythoninae) in der australischen Region, möglicherweise in Australien selbst, entstanden und haben ihre Ausbreitung und Artaufspaltung dort begonnen (GREER 1997).

3. Beschreibung

Bei *Morelia viridis* handelt es sich um einen relativ schlanken Python mit dünnem Hals-Körper-Übergang und deutlich abgesetztem Kopf. Die Pupillen sind senkrecht geschlitzt. Die Augenfarbe ist gelblich. *M. viridis* hat deutlich ausgebildete Gruben im Bereich der Rostral-, der ersten zwei bis drei Supralabial- und der mittleren Infralabial-Schuppen. Der Körper zeigt den für viele baumbewohnende Schlangen typischen dreieckigen Querschnitt mit deutlich sichtbarer Darstellung der Wirbelsäule. Ein weiteres Merkmal von *M. viridis* ist der äußerst effiziente einrollbare Greifschwanz. Bemerkenswert sind die langen Fangzähne dieser Schlange, die es ihr ermöglichen, das Gefieder von Vögeln zu durchdringen und diese somit sicher festhalten zu können.

Abb. 6. 10 Jahre altes Weibchen aus unserem Bestand mit einer Länge von etwa 1,90 m.

3.1. Größe

Obwohl verschiedene Autoren als Maximallänge für den Grünen Baumpython bis zu 2 m angeben (SWITAK 1975, VAN RIEHL 1981, SCHOUTEN 1985, TRUTNAU 1988, KIVIT 1992), bleiben die meisten Exemplare deutlich kleiner (COBORN 1992, O´SHEA 1996). Aus eigener Erfahrung beträgt die Maximallänge der Männchen, die immer kleiner sind als die Weibchen, 1,50 m bis 1,70 m, die der Weibchen liegt bei 1,70 m bis 2 m.

Die genaue Bestimmung der Länge eines lebenden Baumpythons ist schwierig, zumal er sich nur mit großer Mühe von seinem Ruheplatz in den Ästen aus dem Terrarium entfernen läßt. Wenn der Baumpython symmetrisch auf einem Ast ruht, läßt sich die Länge nicht einmal annähernd erahnen. Zudem kriecht er so gut wie nie lang ausgestreckt an der Frontscheibe des Terrariums vorbei, so daß er auch dort nicht zu messen ist.

Um die Länge feststellen zu können, werden mindestens drei Personen benötigt. Zwei, die ihn am Boden festhalten und eine Person, die ihn mißt. Allein um den empfindlichen Schwanz zu fixieren, den der Python bei solchen Aktionen immer einrollt, ist ein Helfer erforderlich.

Eine einfachere und für das Tier streßfreie Lösung ist, das abgestreifte Häutungshemd zu messen. Von der gemessenen Länge werden 15 bis 20 % abgezogen. Daraus ergibt sich ein ungefähres Längenmaß.

Das **Gewicht** hängt auch von dem Ernährungszustand der Schlange ab. Wenn wir von den vorher genannten Maximallängen ausgehen, sollten die Männchen bei optimaler körperlicher Verfassung ca. 1.100 bis 1.300 g wiegen. Weibchen wiegen ca. 1.500 bis 1.800 g, extrem große Exemplare bis 2.000 g.

3.2. Beschuppung

Alle Kopfschuppen, mit Ausnahme der großen Zwischennasen- (Internasalia), Nasen- (Nasalia) und Lippenschilde (Labialia), sind klein und granulär. Die Internasalia sind meist von ein oder zwei Körnerschuppen (sehr klein und rund) getrennt. Die Augen werden von 11 - 19 kleinen Schuppen umgeben. Die Kinnfurche besteht aus zahlreichen Körnerschuppen, die deutlich kleiner sind als die übrigen Schuppen auf der Kopfunterseite (Gularia).

An der Schnauzenspitze befinden sich zwei tiefe diagonale grubenähnliche Vertiefungen. Von den 12 - 16 Oberlippenschilden (Supralabialia) weisen die ersten zwei ebenfalls grubenähnliche Vertiefungen auf, die dritte kann mit tiefer Grube, einer nur kleinen Vertiefung oder als glatte Schuppe vorkommen (McDowell 1975, De Rooij 1917). Die Anzahl der Unterlippenschilde (Infralabialia) variiert zwischen 14 - 18. Dort befinden sich 5 - 7 Gruben, in der Regel sind es 6 (McDowell 1975). Die Rückenschuppen sind glatt und in 45 - 55 Reihen (eine Kopflänge hinter dem Kopf), 27 - 55 Reihen (Körpermitte), bzw. 30 - 43 Reihen (eine Kopflänge vor der Kloake) angeordnet.

Die Bauchseite ist mit 219 bis 250 Bauchschilden (Ventralia) bedeckt (McDowell 1975). Das Analschild ist ungeteilt. Die Schwanzunterseite wird von paarig angelegten Schuppen (Subcaudalia) bedeckt, deren Anzahl zwischen 70 und 112 variiert (McDowell 1975).

3.3. Färbung und Zeichnung

Die Grundfarbe des Baumpythons ist ein kräftiges Grün, das in vielen unterschiedlichen Farbtönen auftritt. Die Färbung variiert von hell- über smaragd- bis dunkelgrün. Auf der Rückenmitte verläuft meist eine mehr oder weniger zusammenhängende Linie aus weißen oder gelblichen Punkten. Diese Punkte treten auch vereinzelt auf den seitlichen Körperpartien der Tiere auf. Vereinzelt zeigen sich auch schwarze Schuppen, oft auf der Rückenmitte.

Bei einigen Exemplaren ist eine blaue Zeichnung mehr oder weniger deutlich ausgeprägt. Die Färbung der Bauchunterseite variiert bis zur 6. seitlichen Schuppenreihe von cremeweiß über gelb zu bläulich. Bei manchen

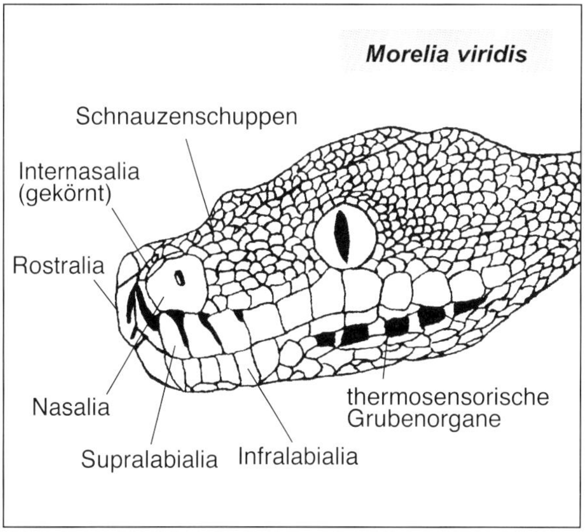

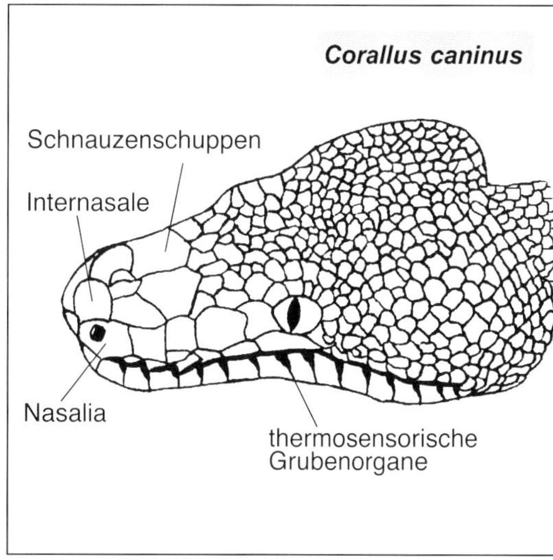

Abb. 7 und 8. Kopfansicht des Grünen Baumpythons (*M. viridis*) im Unterschied zum Hundskopfschlinger (*C. caninus*). Gut zu unterscheiden ist *M. viridis* an den kleinen granulären Schnauzenschuppen, die bei *C. caninus* zu Schilden vergrößert sind.

Exemplaren ist die Bauchunterseite teilweise mit grünlichen Schuppen durchsetzt. Türkise und blaue Exemplare kommen vor, wobei dies meist auf Weibchen während der Trächtigkeit beschränkt ist. Dieser wahrscheinlich hormonell bedingte Farbwechsel macht sich nach Befruchtung der Weibchen bemerkbar. Mit zunehmender Trächtigkeit intensiviert sich die Färbung. Nachdem die Jungen geschlüpft sind und die Brutphase somit abgeschlossen ist, nimmt die Intensität der Färbung allmählich wieder ab. Einige Weibchen behalten eine leichte türkise oder blaue Färbung zurück. Bei jeder nachfolgenden Eiablage verstärkt sich die Farbintensität und somit auch die bleibende Färbung. Rein blaue Exemplare, die immer diese Färbung behalten, sind selten. Junge Baumpythons sind rotbraun oder gelb gefärbt. Die Umfärbung beginnt mit ca. sechs bis acht Monaten und ist normalerweise spätestens nach zwei Jahren abgeschlossen (s. Kapitel 6.9.3., S. 81).

Die schon erwähnte Ähnlichkeit des Grünen Baumpythons mit dem in Südamerika beheimateten Hundskopfschlinger (*Corallus caninus*; Unterfamilie Boinae) war bereits SCHLEGEL im Jahre 1872 aufgefallen und ist ein eindrucksvolles Beispiel von konvergierender Evolution (FOEKEMA 1972). Beide Arten haben eine intensiv grüne Grundfarbe und zeigen auf den Rücken eine mehr oder weniger zusammenhängende weiße Linie, von der in regelmäßigen Abständen weiße oder gelbliche Dreiecke oder Querbinden abgehen. Genau wie bei *M. viridis* wirkt der Körper von *C. caninus* seitlich zusammengedrückt mit deutlich dargestellter Wirbelsäule. Als Baumbewohner hat auch der Hundskopfschlinger einen ausgeprägten Greifschwanz. Sein großer flacher Kopf setzt sich deutlich vom Körper ab. Die Augen sind wie bei *M. viridis* gelblich und die Pupille steht senkrecht. Gut zu unterscheiden ist *C.*

Abb. 9. Lebensraum von *M. viridis* in Ost-Papua (Höhe: 1000 m).
Foto: R. Barensteiner

caninus von *M. viridis* an den deutlich größeren Schuppen auf der Kopfoberseite, die bei ihm zu Schilden entwickelt sind. Die grubenförmigen thermosensorischen Organe sind bei *C. caninus* deutlicher ausgeprägt als bei *M. viridis*. Sie liegen zwischen den Schilden der Oberlippe und nicht innerhalb dieser Schilde, wie es bei Pythonarten der Fall ist (COBORN 1992). *C. caninus* hat sich wie sein asiatisches Gegenstück dem Leben in den Bäumen angepaßt. Seine Heimat sind die dichten Regenwälder im tropischen Südamerika (Kolumbien, Venezuela, östliches Ecuador und Peru, Brasilien, Guayana, Surinam, Französisch Guayana und nördliches Bolivien). Tagsüber ruht er in der selben zusammengerollten Stellung auf Ästen wie *M. viridis*. Er ist ebenfalls nachtaktiv und ernährt sich von Säugetieren und Vögeln. *C. caninus* wird deutlich größer als *M. viridis* (TRUTNAU 1988, STAFFORD & HENDERSON 1996). Wie alle Boas ist *C. caninus* ovovivipar (lebendgebärend), wogegen *M. viridis* ovipar (eierlegend) ist. Selbst die Jungtiere sind wie bei *M. viridis* gelb oder rotbraun gefärbt. Allerdings kommen auch grüne Jungtiere vor. Bei gelb oder rot gefärbten Exemplaren beginnt die Umfärbung mit drei Monaten und ist nach ca. einem Jahr abgeschlossen (ROSS & MARZEC 1994).

4. Freilandbiologie

4.1. Verbreitung

Der Grüne Baumpython kommt auf Neuguinea einschließlich vorgelagerten Inseln (Biak, Yapen, Misool, Salawati, Aru, Normanby, die Inseln von Geelvink Bay, Gag) und auf der australischen Halbinsel Cape York vor (MEYER 1875, MCDOWELL 1975, SWITAK 1975, SCHRÖDER 1982, O´SHEA 1996). Auf dem australischen Kontinent kommt der Python nur in einem sehr kleinen Gebiet in den nordöstlichen Regionen der Cape York-Halbinsel vor. Bislang wurden die Tiere nicht auf dem Bismarck-Archipel nachgewiesen. Von einigen

Abb. 10. Biotop in Biak (West-Papua, Indonesien). Foto: M. Leitzinger

Abb. 11 (unten). Verbreitung des Grünen Baumpythons (rote Punkte = nachgewiesene Fundorte).

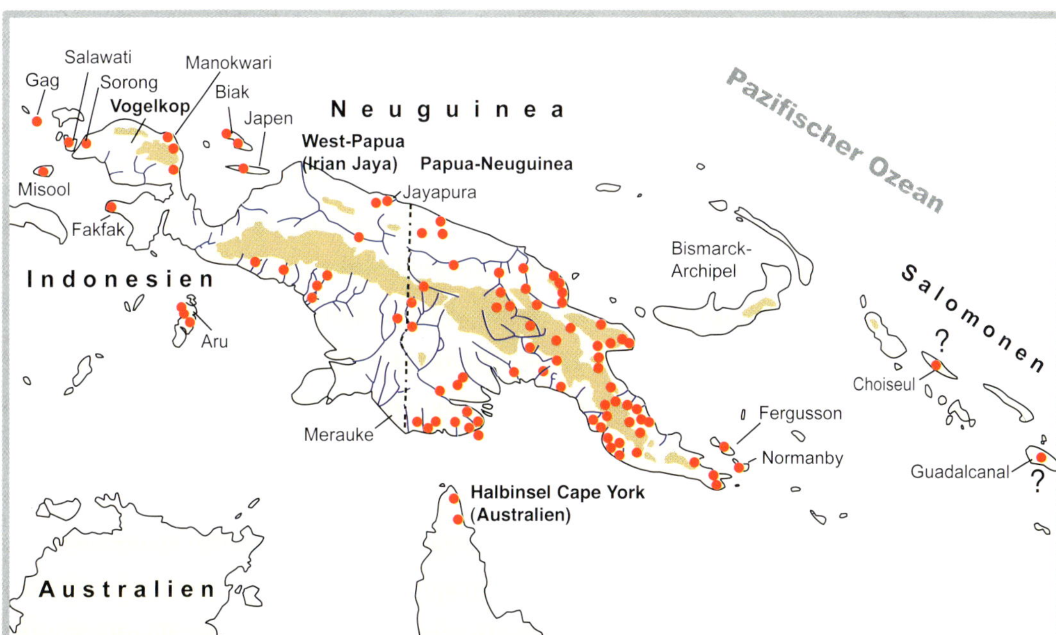

Autoren werden die Salomonen-Inseln ebenfalls als Verbreitungsgebiet genannt. BURT & BURT (1932) verzeichneten ein junges Weibchen auf Choiseul-Island. McDOWELL (1975) vermutet jedoch, daß dieses Exemplar von einer Expedition (der Whitney-Südsee-Expedition) zurückgelassen wurde. Es konnten dort keine weiteren Tiere nachgewiesen werden. McCOY gab McDOWELL (1975) eine Information aus zweiter Hand, die auf ein mögliches Vorkommen von *M. viridis* auf Guadalcanal hinweist. Bis diese Berichte bestätigt sind, möchten wir die Verbreitung von *M. viridis* auf den Salomonen in Frage stellen.

Das Vorkommen von *M. viridis* auf der Insel Gag (0°25´S, 129°53´E) markiert den nordwestlichsten Punkt im Verbreitungsgebiet der Art (SCHRÖDER 1982). Das östlichste Vorkommen findet sich auf Normanby Island, einer vorgelagerte Insel von Papua Neuguinea. Die Entfernung dieser beiden Orte beträgt ca. 3.000 km Luftlinie.

4.2. Geographische Variabilität

Wie bei kaum einer anderen Schlangenart gibt es beim Grünen Baumpython die verschiedensten Ansichten bezüglich Fundorten und deren angeblich charakteristischen Merkmalen.

McDOWELL (1975) listet alle ihm bekannten Fundorte von *M. viridis* auf, wobei auch andere Publikationen berücksichtigt wurden. Hieraus können keine eindeutigen Rückschlüsse bezüglich regionspezifischer Merkmale gezogen werden. Er unterscheidet ganz grob Exemplare aus dem Norden Neuguineas, welche unregelmäßig verteilt weiße Schuppen aufweisen, wogegen Exemplare aus dem Süden und Queensland (Australien) einen durchgehenden weißen Streifen auf der Rückenmitte aufweisen. Dies ist aber nach seinen eigenen Angaben nicht generell zutreffend.

Exemplare von Australien (Cape York Peninsula) weisen einen unterbrochenen oder zusammenhängenden weißen Rückenstreifen, einige weiße Schuppen an den Seiten und einige von der Rückenmitte ausgehende blaue Streifen auf (COGGER 1986). SWITAK (1998) berichtet hingegen, daß Baumpythons aus tiefer gelegenen Regionen unregelmäßig verteilte weiße Zeichnungselemente zeigen, wogegen Hochlandtiere aus Ost-Papua fast immer einen durchgehenden weißen Wirbelsäulenstreifen aufweisen.

In den letzten Jahren tauchen im Handel immer neue Fundorte auf, die hinter den wissenschaftlichen Namen *M. viridis* gesetzt werden z. B. Jayapura oder Manokwari. Gebietsbestimmungen sind im Umgang mit dem Grünen Baumpython allgegenwärtig, wobei sich neue Ortsangaben sofort durch höhere Preise der angebotenen Schlangen bemerkbar machen. Auf keinen Fall sind diese oft fragwürdigen Fundortangaben als Definition einer Unterart zu verstehen. Nach unserer Erfahrung werden die meisten angebotenen Baumpythons mit der Zusatzbezeichnung Aru, Biak, Sorong und Merauke gehandelt. Tiere mit den Herkunftsbezeichnungen Manokwari, Jayapura, Vogelkop und Fakfak werden seltener angeboten. Auffallend ist, daß alle genannten Gebiete und Inseln in Irian Jaya liegen. Ganz selten werden Tiere mit der Bezeichnung "PNG" (Papua-Neuguinea) angeboten, allerdings ohne genaue Ortsangaben.

Des öfteren liest man den Zusatz "Festlandform", womit Neuguinea gemeint ist. Wir können davon ausgehen, daß importierte Baumpythons, die aus den Höhenlagen von Neuguinea stammen, eher die Ausnahme bilden. Ein Vordringen der Fänger in die Bergregenwälder ist ein gefährliches und mühsames Unterfangen. Die meisten zum Export bestimmten Baumpythons dürften aus Tieflandregenwäldern stammen, die von den Fängern wesentlich leichter zu erreichen sind. Baumpythons werden aus weiten Teilen Neuguineas zu den wenigen größeren Städten transportiert. An den Umschlagplätzen angekommen, wird als "Fundort" der Name der Stadt, von der aus der Weitertransport erfolgt, angegeben. Grundsätzlich kann davon ausgegangen werden, daß die Exportflughäfen von Irian Jaya einen Einzugsbereich von wenigstens 100 - 150 km haben. Sorong ist in den letzten Jahren

Verschiedene Kopf- und Schwanzformen

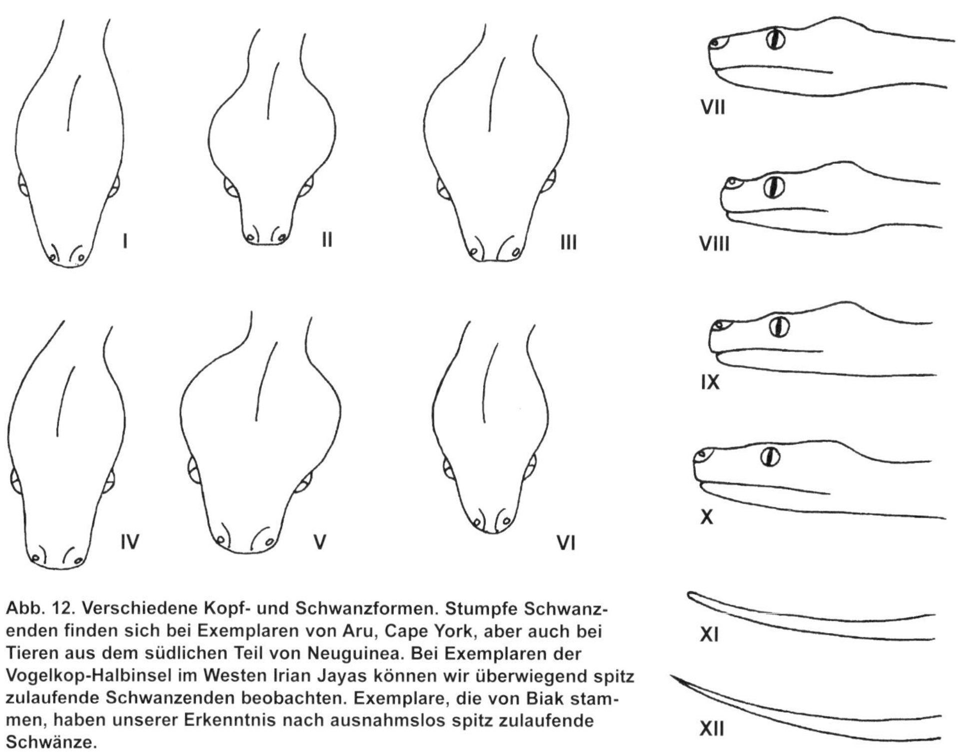

Abb. 12. Verschiedene Kopf- und Schwanzformen. Stumpfe Schwanzenden finden sich bei Exemplaren von Aru, Cape York, aber auch bei Tieren aus dem südlichen Teil von Neuguinea. Bei Exemplaren der Vogelkop-Halbinsel im Westen Irian Jayas können wir überwiegend spitz zulaufende Schwanzenden beobachten. Exemplare, die von Biak stammen, haben unserer Erkenntnis nach ausnahmslos spitz zulaufende Schwänze.

stark expandiert und ökologisch mittlerweile hoch gestört. Die Tiere mit der Bezeichnung "Sorong" stammen von weiten Teilen der Vogelkop-Halbinsel. Den Fundort "Merauke" gibt es als solchen nicht. Dort wurden bislang noch keine Tiere nachgewiesen. Die Tiere stammen aus den nördlich gelegenen Regenwaldgebieten und nicht aus der unmittelbaren Umgebung von Merauke. Es gibt dort ausgedehnte Savannen mit Eukalyptuswäldern, die als Biotop für *M. virids* offenbar ungeeignet sind (Kuch pers. Mitt. 1999).

Die gefangenen Exemplare, auch die der Inseln Aru und Biak, werden nach Jakarta oder Denpasar transportiert, wo sie bis zum Export teilweise noch wochen- oder monatelang ausharren müssen. Vielfach werden die Tiere einzeln in Plastikterrarien gehalten (Kuch pers. Mitt. 1999). Von manchen Großhändlern hingegen werden zahlreiche Exemplare zusammen in Drahtunterkünften oder in Betonbehältern gehalten (Ross & Marzec 1994). Eine Vermischung der Tiere aus den unterschiedlichsten Gebieten ist nicht auszuschließen, weshalb die folgenden Beschreibungen nur zur groben Orientierung dienen können.

Verschiedene Farb- und Zeichnungsvarianten beim Grünen Baumpython:

Abb. 13 (oben). Männlicher Baumpython aus Aru.

Abb. 14 (Mitte links). Farbvariante aus Biak. Foto: H. Künzl

Abb. 15 (Mitte rechts). *M. viridis* aus Aru.

Abb. 16 (unten links). Weibchen aus Sorong. Foto: R. Reutterer

Abb. 17 (unten rechts). Zwei Jungtiere beider Farbvarianten in der Morobe-Provinz in der Nähe von Wau. Foto: R. Barensteiner

Vogelkop-Halbinsel/Irian Jaya (Handelsbezeichnung Sorong)

- Adulte Pythons zeigen oft einen zusammenhängenden mehr oder weniger ausgeprägten blauen Wirbelsäulenstreifen. Blaue Dreiecke treffen versetzt zu beiden Seiten des Streifens aneinander.
- Weiße Schuppen sind vereinzelt über die Rückenmitte verteilt.
- Die Schwanzspitze ist oft hell gefärbt und läuft spitz zu.

Bei den **Jungtieren** setzt sich ein brauner bzw. dunkler durchgehender Wirbelsäulenstreifen vom Hals bis zum Schwanz fort. Dieser Streifen kommt jedoch auch bei Jungtieren aus anderen Gebieten vor, wie die Aufnahme zweier juveniler Baumpythons aus der Nähe von Wau (Morobe-Provinz) zeigt. Auf einem Bild von Switak (1998) sind drei Jungtiere eines Geleges zu sehen, von denen ein gelb gefärbtes einen deutlich ausgeprägten dunklen Wirbelsäulenstreifen zeigt. Bei einem zweiten gelben Tier und einem rotbraunen Exemplar fehlt dieser vollständig. Solche Unterschiede, selbst innerhalb eines Geleges, verdeutlichen, daß solche Unterscheidungsmerkmale nicht immer zutreffen.

Aru-Inseln

- Bei adulten Pythons sind vereinzelte weiße Schuppen über die Rückenmitte sowie den Körper verteilt.
- Einige Exemplare besitzen blaue Flecken rechts und links versetzt zu beiden Seiten der Wirbelsäule.
- Der durchgehende blaue Wirbelsäulenstreifen wie bei den Tieren der Vogelkop-Halbinsel fehlt.

- Die Schwanzspitzen enden stumpf und sind oft tiefschwarz oder schwarz gesprenkelt.
- Die Kopfform verläuft von der Seite betrachtet oft in einer relativ geraden Linie (s. Seite 15, Abb. 12 (X) "Kopf-und Schwanzformen").
- Die Schnauze wirkt kantig.

Bei noch nicht umgefärbten gelben oder rotbraunen **Jungtieren** fehlt der durchgehende dunkle Wirbelsäulenstreifen. Das Fehlen des Streifens wird aber auch bei Exemplaren der Hauptinsel von Neuguinea beobachtet. Das letzte Drittel des Schwanzes ist dunkel gefärbt. An der Unterseite des Schwanzes ist in der Mitte oftmals ein durchgehender dunkler Strich bis zur Kloake zu erkennen.

Biak

- Bei vielen adulten Exemplaren überwiegt der Gelbanteil der Färbung oder aber sie weisen größere gelbe Flecken auf. Es gibt jedoch auch grüne Tiere, bei denen sich dann aber meist ein größerer gelber Fleck auf der Kopfoberseite befindet.
- Auffallend ist die Kopfform. Die Nasenlöcher sind hoch aufgewölbt, so daß sich von der Seite betrachtet keine gerade Linie des Kopfes ergibt (s. Seite 15, Abb. 12 (VIII) "Kopf- und Schwanzformen"). Bei Tieren anderer Gebiete ist dies selten mit solcher Deutlichkeit zu erkennen.
- Die Exemplare werden ausgesprochen groß.
- Der Schwanz endet spitz.

Oftmals haben noch nicht umgefärbte **Jungtiere** die gleiche Größe wie vollständig umgefärbte Pythons anderer Gebiete. Auffallend sind größere runde helle Flecken auf Kopf und Hals. Zu beiden Seiten der Wirbelsäule treten halbovale Flecken auf, die gegeneinander versetzt sind.

Südliches Irian Jaya (Handelsname Merauke)

- Das Hauptmerkmal kann bei diesen Tieren des südlichen Verbreitungsgebietes ebenso wie bei Tieren aus Australien (Cape York) ein durchgehender weißer Wirbelsäulenstreifen sein. Daß dies nicht immer so sein muß, belegt die Abbildung eines Exemplars aus Queensland, welches lediglich vereinzelt gelbliche Schuppen aufweist (SWITAK 1998).
- Die Schwanzenden sind stumpf.

Bei **Jungtieren** fehlt der durchgehende dunkle Wirbelsäulenstreifen.

Nach unserer Erfahrung lassen sich Tiere aus den unterschiedlichen Gebieten bis zum heutigen Zeitpunkt nicht mit Sicherheit voneinander unterscheiden. Die Merkmale gehen oft fließend ineinander über. Zur Untersuchung der geographischen und nicht-geographischen Variabilität beim Grünen Baumpython bedarf es einer umfassenden Revision, bei der eine große Anzahl von Tieren aus dem gesamten Verbreitungsgebiet morphologisch und molekulargenetisch untersucht und mittels moderner Methoden analysiert werden.

4.3. Klima im Herkunftsgebiet

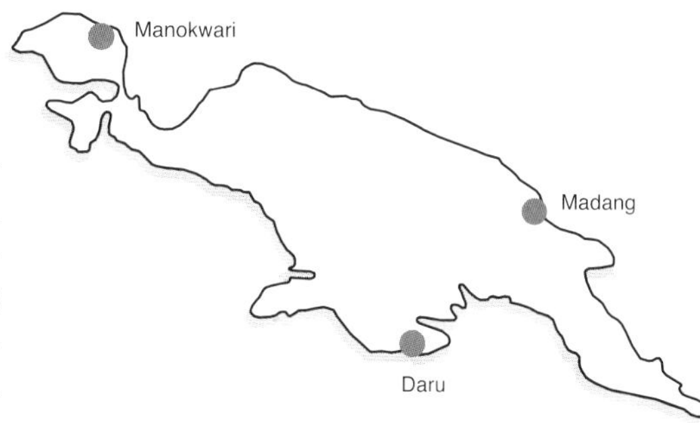

Die Folge von Passatwinden der Nord- und Südhalbkugel, die in dem Gebiet von Neuguinea zusammentreffen, sind enorme Wolkenbildungen mit den dazugehörigen starken Niederschlägen. In Gebieten mit tropischem Regenwald fehlen ausgesprochene Jahreszeiten. Je weiter man sich jedoch in den Süden begibt, um so ausgeprägter sind Regen- und Trockenzeit.

Es fällt das ganze Jahr über mehr Regen als verdunsten kann. Die Niederschlagsmenge schwankt je nach Standort zwischen 2.000-3.500 mm im Jahr. Die durchschnittliche Luftfeuchtigkeit beträgt 70 bis 85 % tagsüber und erreicht nachts Werte zwischen 90 und 100%. Die Tagestemperaturen liegen im Schatten bei 28-32 °C und sinken nachts auf Werte um 23-25 °C (MÜLLER 1996).

Abb. 18-20. Mittlere monatliche Niederschläge (Balken) sowie mittlere Tages- (obere Kurve) und Nachttemperaturen (untere Kurve), nach MÜLLER 1996.

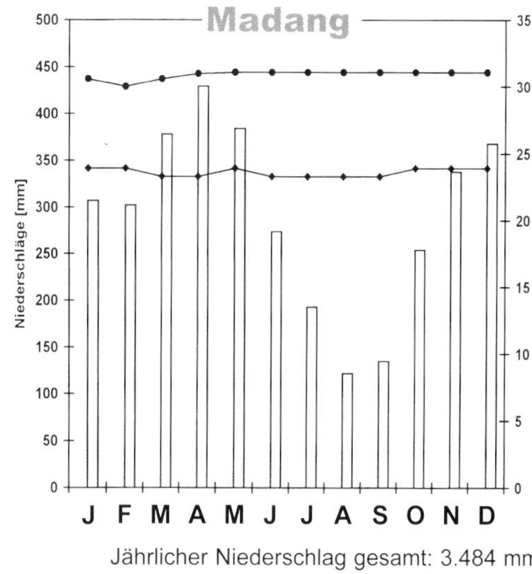

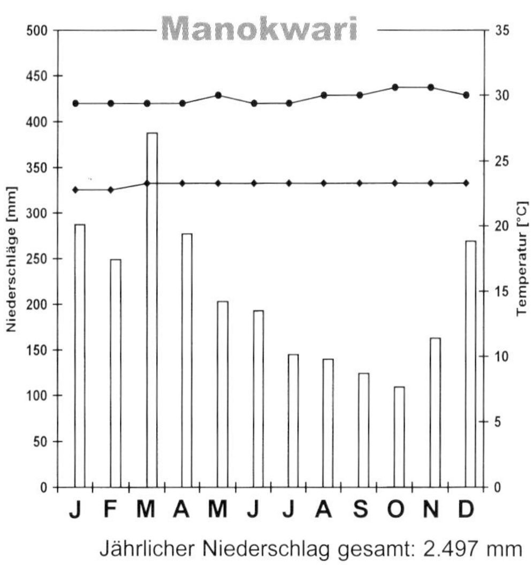

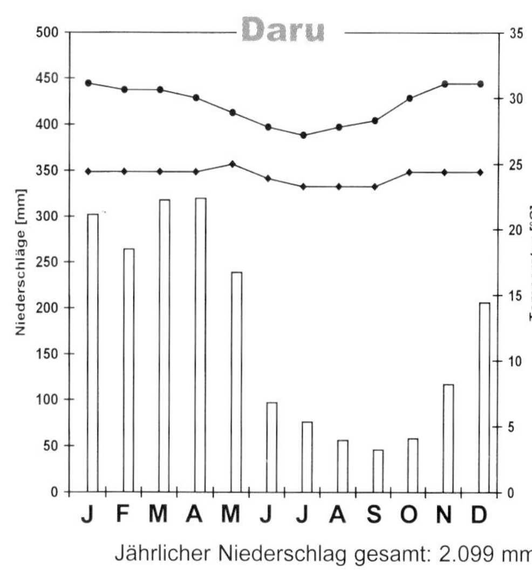

4.4. Lebensraum und Lebensweise

Die natürlichen Lebensräume von *M. viridis* sind die tropischen Regenwälder Neuguineas und Nord-Australiens von Meereshöhe bis mindestens 1.800 m über dem Meerespiegel.

Neuguinea liegt im pazifischen Ozean nördlich von Australien zwischen dem 132. und 152. Längengrad und etwa 10. südlicher Breite. Die Insel war vor ca. 50.000 Jahren mit dem australischen und dem asiatischen Kontinent über Landbrücken verbunden. Heute bildet sie das Endglied einer Inselkette, die sich von Südostasien bis in den pazifischen Raum erstreckt. Sie besitzt eine Fläche von 771.900 qkm. Durch eine willkürlich gezogene Linie am 141. Längengrad wurde die Insel im August 1828 in den heute indonesischen Teil West-Papua (Irian Jaya) und den östlichen unabhängigen Staat Papua-Neuguinea geteilt.

Das Landschaftsbild von Neuguinea wird geprägt durch gewaltige Gebirge, die sich, durchfurcht von zahllosen Flußtälern, von Ost nach West über die Insel hinziehen. Die höchsten Erhebungen erreichen fast 5.000 m und tragen immer Schnee. Die Küstenregionen sind von riesigen Sumpf- und Mangrovengebieten, an die sich Tieflandregenwald anschließt, bedeckt. Im südlichsten Teil gibt es Savannengebiete, die denen von Australien gleichen. Die gemäßigten Zonen zwischen 1.000 und 2.000 m Höhe sind geprägt von ausgedehnten immergrünen Regenwäldern. Bis in diese Höhen erstrecken sich die Vorkommen des Grünen Baumpythons. Danach folgen zum Teil noch unberührte Hochlandregenwälder. Ab 3.000 m geht der Regenwald in Nebelwald über (Barensteiner & Leitzinger 1996).

Auf Neuguinea sind etwa 110 Schlangenarten heimisch, darunter Pythonarten, wie *Leiopython albertisi, Bothrochilus boa, Apodora papuana, Liasis fuscus* und diverse *Morelia*-Arten.

Der Grüne Baumpython lebt in Bäumen und Sträuchern. Der Greifschwanz erlaubt die arboricole Lebensweise. Mit ihm verschafft sich die Schlange einen sicheren Halt im Geäst. *M. viridis* hält sich hauptsächlich in den Bäumen des Primärregenwaldes auf. Switak (1973) fand die Tiere tagsüber oft an den äußersten Enden von Ästen. Es wird jedoch auch von Funden in Bananenstauden und Kaffeeplantagen (McDowell 1975), Sträuchern und Büschen (Schröder 1982, Barensteiner pers. Mitt. 1998) und im Grasland berichtet (Switak 1973). Im Hochland von Irian Jaya konnte Switak (1975) den Grünen Baumpython in der Nachbarschaft von Klinki-Kiefern, einer endemischen Koniferenart, beobachten.

Obwohl gerade Jungtiere durch Freßfeinde gefährdet sind, haben die juvenilen *M. viridis* eine leuchtende Färbung. In einer Studie haben Garrett & Smith (1994) untersucht, ob gelbe Baumpythons helle Aufenthaltsorte, braun gefärbte Artgenossen hingegen dunkle Sitzplätze bevorzugen, um besser getarnt zu sein. Ein solcher Zusammenhang konnte jedoch nicht nachgewiesen werden. Vielmehr zeigten alle Jungtiere unabhängig von ihrer Färbung durchweg eine Vorliebe für die dunkleren Sitzplätze. Im Habitat von *M. viridis* bedingt das Blätter- und Astgewirr mit seiner heterogenen Struktur und den vielen Farben in allen Schattierungen, daß eine im Geäst hängende kleine leuchtend gefärbte Schlange nicht auffällt und innerhalb ihrer Umgebung sehr gut getarnt ist.

Zumindest sporadisch begibt sich der Grüne Baumpython auch auf den Boden, wofür die Beobachtungen von SWITAK (1973) sprechen, der von einem Exemplar berichtet, das bei Port Moresby über eine Straße kroch sowie von einem anderen, das bei Madang tot auf einer Straße lag. Des weiteren wurde im Kunai-Grasland bei Popondetta ein Grüner Baumpython auf dem Boden gefangen (Papua-Neuguinea).

4.5. Ernährung

Die wenigen bisher veröffentlichten Freilanddaten zum Beutespektrum von *M. viridis* demonstrieren, daß sich Jungtiere von Echsen und kleinen Säugetieren ernähren, während im Magen von adulten Exemplaren ausschließlich Reste von Säugetieren nachgewiesen werden konnten (MCDOWELL 1975, SHINE & SLIP 1990, HENDERSON 1993). Erstaunlich ist das Fehlen von Vögeln im bisher nachgewiesenen Beutespektrum freilebender Baumpythons. Aufgrund von Terrarienbeobachtungen vermuten wir, daß Grüne Baumpythons auch im natürlichen Lebensraum Vögel fressen; dies ist jedoch nur als Hinweis auf den Forschungsbedarf zu deuten.

Obwohl der Grüne Baumpython seine Ruheplätze zweifellos im Geäst hat, gibt es Anzeichen dafür, daß er auch auf dem Boden auf Beutefang geht. MCDOWELL (1975) konnte im Verdauungstrakt mehrerer *M. viridis* die Überreste von bodenbewohnenden Ratten identifizieren.

Die meisten Jungtiere von *M. viridis* nehmen unter Terrarienbedingungen nicht oder nur ungern die erste angebotene Nahrung an. Dies hängt möglicherweise damit zusammen, daß diese im natürlichen Lebensraum nicht aus Säugetieren besteht. Aufgrund unserer Beobachtungen des Freßverhaltens unter menschlicher Obhut steht möglicherweise Vogelbrut auf dem Speiseplan der Neonaten (vgl. Kapitel "Aufzucht"). Der Hauptanteil der Beutetiere scheint aber aus Amphibien und Reptilien zu bestehen. SWITAK (1975) konnte beobachten, wie Jungtiere in freier Natur kleine Echsen erbeuteten. Dies wird durch Untersuchungen des Mageninhaltes juveniler Exemplare bestätigt, die Überreste von bodenbewohnenden Skinken der Gattung *Emoia* enthielten (MCDOWELL 1975).

Wasseransammlungen in hohlen Stämmen, Astlöchern, Blättern und auf dem Boden dienen verschiedensten Froscharten zum Ablaichen. Kleine Frösche und deren Kaulquappen erscheinen als Beutetiere von der Größe her ideal und sind oftmals auch in ausreichender Zahl vorhanden. Nach Berichten von Schlangenfängern aus Neuguinea würgten frisch gefangene Jungtiere durch den Streß des Einfangens und des Transportes kleine Frösche und Kaulquappen aus (HUFSCHMID pers. Mitt. 1998).

Mit zunehmendem Alter erweitert sich das Beutespektrum der Jungtiere oder wechselt sogar komplett zu Säugetieren, worauf oben genannte Magenuntersuchungen sowie Beobachtungen unter menschlicher Obhut schließen lassen.

4.6. Die Beziehung der Einheimischen zum Grünen Baumpython

Schlangen üben seit Urzeiten eine gewisse Faszination auf die Menschen aus. Obwohl in Ländern mit hoher Populationsdichte zahlreicher Schlangenarten der Umgang mit diesen Tieren nichts ungewöhnliches ist, ist aber gerade dort die Angst der Bevölkerung vor den Schlangen besonders groß. Dies hängt damit zusammen, daß Giftschlangenbisse ein häufiges und ernst zu nehmendes Gesundheitsrisiko darstellen. Wir konnten das auf unseren Reisen durch Südamerika, Thailand und auch in Indonesien erleben. Sobald eine Schlange auftauchte, egal ob ungiftig oder giftig, brach oft Panik aus. Konnte das Reptil nicht fliehen, wurde es in der Regel getötet. Der Grüne Baumpython gehört zu den wenigen Schlangenarten, vor denen sich die Einheimischen nicht fürchten. BARENSTEINER (pers. Mitt. 1998), Mikrobiologin und Asienexpertin, deren Interesse tropischen Ländern und deren Bevölkerung, insbesondere aber Papua-Neuguinea gilt, konnte häufig miterleben, wie sogar Kinder den Grünen Baumpython von seinen Ruheplätzen im Geäst "herunterzerrten" und die Schlangen als "Spielzeug" herhalten mußten. Auf die Frage, ob sie vor diesem Reptil keine Angst hätten, bekam sie einmal spontan die Antwort: "No, it's a friendly snake".

Der Grüne Baumpython hat aber auch eine elementarere Bedeutung für die Einheimischen, da er als Nahrung dient und auf ihrem Speiseplan steht. BARENSTEINER & LEITZINGER (1996) berichten von einer Exkursion in das Stammesgebiet der Korowai, die isoliert vom Rest der Welt in Baumhäusern inmitten des Regenwaldes leben. Ein Träger hatte ein großes Exemplar von *M. viridis* in einem Busch entdeckt und unverzüglich getötet. Das Tier wurde ausgeweidet und in einem Bach gereinigt. Danach legte er es zusammengerollt auf Sagoteig und deckte es mit einer weiteren Schicht Teig ab. So vorbereitet wurde der besagte Baumpython eine halbe Stunde über offenem Feuer gegart und dann noch halb roh gegessen.

SWITAK (1998) beschreibt ebenfalls, daß diese Schlange gegessen wird. Ihm wurde berichtet, daß der Grüne Baumpython in etwa 3 cm dicke Scheiben geschnitten wird, die dann in einer Art Eintopf verwendet werden. An dieser Stelle sei gesagt, daß die Einheimischen durch ihre Eßgewohnheiten die Schlangen nie in ihrem Fortbestand gefährdet haben und auch nicht gefährden werden. Hierfür ist in erster Linie der Raubbau an der Natur durch Zerstörung von Lebensräumen verantwortlich. Inwieweit die Entnahme für den Handel auf die Populationen des Grünen Baumpythons Einfluß nimmt, bleibt unklar. Zur Zeit ist *M. viridis* scheinbar vielerorts eine häufig anzutreffende Schlangenart (BARENSTEINER pers. Mitt. 1998, KUCH pers. Mitt. 1999).

Abb. 21. Einheimischer mit Grünem Baumpython auf dem Kopf: "It's a friendly snake". Nicht zur Nachahmung empfohlen! Foto: R. Barensteiner

5. Pflege

Das Wissen um die Zerstörung natürlicher Lebensräume der Reptilien in fast allen Teilen der Welt hat die Terraristik nachhaltig in ihrem Selbstverständnis verändert. Immer mehr Reptilienhalter versuchen, ihre Pfleglinge gezielt nachzuzüchten. Den vermehrten Zuchterfolgen in vielen Bereichen der Terraristik ist es zu verdanken, daß der Bedarf an Tieren für die Terrarienhaltung zunehmend durch Inlandnachzuchten gedeckt werden kann. Erfahrungsgemäß sind diese Nachzuchten recht robust und unproblematisch in der Aufzucht wie auch in der Pflege. Im Gegensatz dazu stehen die oftmals geschwächten Importtiere, deren Eingewöhnung und eventuelle Behandlung bei Erkrankungen erhebliche Probleme bereiten können. Die Wahrscheinlichkeit, daß Wildfänge von *M. viridis* von Parasiten befallen sind, liegt bei annähernd 100 % (SHOUTEN 1985).

Der Grüne Baumpython stellt hohe Ansprüche an die künstlich geschaffene Welt des Terrariums und an die stetige Aufmerksamkeit seines Pflegers. Leider ist es immer wieder der Fall, daß Tiere durch Unkenntnis des Halters erkranken und sterben. Ein gründliches Studium der zur Verfügung stehenden Literatur und vor allem der Erfahrungsaustausch und die Zusammenarbeit mit Gleichgesinnten und Interessierten kann nur dringend empfohlen werden!

5.1. Wissenswertes vor der Anschaffung

M. viridis ist kein Tier für Neueinsteiger in die Terraristik. Es fehlen anfangs die Grundkenntnisse im Umgang mit der nötigen Technik und das Verständnis für die Bedürfnisse dieses Pythons. Aufgrund seines attraktiven Aussehens in Zusammenhang mit dekorativ eingerichteten Terrarien äußern gerade Anfänger immer wieder die Absicht, solch ein Tier zu erwerben. Haltungsansprüche treten dabei oft in den Hintergrund. Bei vielen überwiegt nur der Wunsch, ein solches Tier zu besitzen. Das "böse Erwachen" kommt meist zu spät. Auch ist *M. viridis* keine Schlange für Leute, die ihre Reptilien ständig anfassen, aus dem Terrarium nehmen und zu Schauzwecken herumreichen möchten.

M. viridis quittiert falsche Haltung, Streß sowie Vernachlässigungen (manch einem wird das tägliche Sprühen mit der Zeit lästig) mit Krankheiten und schließlich dem Tod. Grundsätzlich bereitet ein Regenwaldterrarium bezüglich der täglichen Pflege mehr Arbeit als ein Wüsten- oder Savannenterrarium. Allein die Pflanzenpflege sowie die Kontrolle und Aufrechterhaltung der Luftfeuchtigkeit nehmen einige Zeit in Anspruch.

Vor der Anschaffung von *M. viridis* sollte sich der verantwortungsbewußte Terrarianer zuerst das nötige Grundwissen durch Literatur und vor allem über den Austausch mit erfahrenen Terrarianern aneignen.

Es wäre zu wünschen, daß diesen Python - ebenfalls wie alle anderen Reptilien - nur Personen halten, die lern- und aufnahmebereit an die Terraristik herantreten und dieses Hobby verantwortungsbewußt betreiben. Nur so lassen sich bei dieser faszinierenden Riesenschlange größere Verluste, wie sie derzeit leider noch vorkommen, vermeiden.

5.1.1. Gesetzliche Bestimmungen

Der Grüne Baumpython fällt unter das Washingtoner Artenschutz-Übereinkommen Anhang II. Hierunter fallen ca. 24.000 gelistete Tier- und Pflanzenarten, für die bis zum 01.06.1997 eine CITES-Bescheinigung von den Behörden ausgestellt wurde. Für jedes legal importierte Exemplar mußte eine Ausfuhrgenehmigung des Ursprungslandes (*M. viridis* ist in Indonesien durch nationale Gesetzgebung geschützt) sowie eine Einfuhrgenehmigung vorliegen. Eine CITES-Bescheinigung beinhaltet folgende Angaben:

- Inhaber
- Wissenschaftliche Bezeichnung
- Deutsche Bezeichnung
- Ursprungsland
- Datum des Erwerbs
- Ausstellende Behörde
- Menge
- Anhang-Nummer
- bei Nachzuchten Geburtsdatum

Das heißt, daß von allen Tieren, die vor dem 01.06.1997 nach Deutschland eingeführt oder in Deutschland nachgezogen wurden, eine CITES-Bescheinigung vorliegen muß.

Zusätzlich müssen sie bei der zuständigen Behörde angemeldet sein. Ist dies nicht der Fall, ist davon auszugehen, daß sie illegal eingeführt wurden. Ab dem 01.06.1997 gelten innerhalb der europäischen Gemeinschaft neue Regelungen hinsichtlich des Handels mit geschützten Tier- und Pflanzenarten. Die bisher generelle CITES-Bescheinigung ist hiermit für die unter Anhang II geführten Arten, somit auch für *M. viridis*, entfallen. Diese Regelung soll den Kauf und Verkauf erleichtern und die Antragsflut bei den Behörden eindämmen. Nach wie vor besteht jedoch eine An- und Abmeldepflicht (Untere Landschaftsbehörde des Kreises). Der Käufer sollte aber auf jeden Fall zu jedem Tier einen Herkunftsnachweis fordern. Solche Nachweise sind selbst entworfene Bescheinigungen. Sie enthalten im Prinzip die gleichen Angaben wie die frühere CITES-Bescheinigung. Will oder kann der Verkäufer keine Angaben über die Herkunft der Tiere machen, ist es ratsam, das Geschäft - so günstig es erscheinen mag - abzulehnen.

Durch die Abschaffung der CITES-Bescheinigungen wird es skrupellosen Tierhändlern noch leichter gemacht als es ohnehin schon war, nach Deutschland geschmuggelte Tiere ohne jegliches Risiko als eigene Nachzuchten anmelden und vermarkten zu können.

5.1.2. Erwerb von *Morelia viridis*

Der Grüne Baumpython wird heutzutage in allen Altersstufen von Händlern in spezialisierten Zoofachgeschäften und auch direkt von (Hobby-)Züchtern über Anzeigen in Fachzeitschriften angeboten. Ebenfalls erhält man auf Reptilienbörsen einen gewissen Überblick von dem derzeitigen Angebot. Allerdings gibt es genügend "schwarze Schafe", die angebliche Nachzuchten anbieten, die in Wirklichkeit importierte Wildfänge sind.

Bedingt durch die enormen Besucherzahlen auf einigen Reptilienbörsen verliert mancher Interessent den Überblick und es werden in der Hektik Tiere gekauft, die oft nur oberflächlich begutachtet werden. Fehler und auch Krankheitssymptome werden dadurch häufig übersehen. Es ist schwierig, im nachhinein festgestellte Mängel zu reklamieren bzw. das erworbene Tier zurückzugeben. Ebenso werden die Tiere auf den Börsen meist in kleinen spärlich eingerichteten Behältnissen untergebracht, welche nicht auf die sonstigen Haltungsbedingungen des Anbieters schließen lassen.

Wir raten daher, bei zweifelhaften Angeboten den Anbieter zu Hause oder im Geschäft aufzusuchen, um sich in Ruhe Tiere und Terrarien vor Ort anzusehen. In der Regel kann dann erkannt werden, ob es sich um ein seriöses Angebot handelt.

Auf folgende Kriterien ist beim Kauf eines Grünen Baumpythons zu achten:

- Die Terrarien müssen sauber sein.
- Es muß sauberes Trinkwasser vorhanden sein.
- Es müssen die richtigen Klimaverhältnisse im Terrarium herrschen.
- Das Terrarium muß artgerecht eingerichtet sein und eine entsprechende Größe aufweisen. Bei Zoofachgeschäften muß aus Platzgründen Verständnis für eventuell kleinere Terrarien gezeigt werden, da diese keine dauerhafte Unterkunft darstellen. Trotzdem müssen sie für die Tiere artgerecht, zweckmäßig eingerichtet und sauber sein
- Überbesetzung in zu kleinen Terrarien führt zu Streß. Ebenso erhöht sich die Ansteckungsgefahr.
- Der Baumpython muß tagsüber in seiner gewohnten Ruheposition auf einem Ast liegen.
- Das Tier darf weder auf der Erde noch im Wasserbehälter liegen oder lang ausgestreckt vom Ast herabhängen. Ebenso ist von Tieren, die tagsüber im Behälter nervös umherkriechen, abzuraten.
- Bei Störungen (Berührungen) muß der Baumpython aufmerksam reagieren (zischende Laute, aufgeregtes Züngeln, Abwehrbisse).
- Die Schlange auf jeden Fall aus dem Behälter nehmen und genau untersuchen. Der Python muß sich in einem guten Ernährungszustand befinden. Die Rippen dürfen weder sichtbar noch zu ertasten sein. Der Körper darf keine Falten aufweisen. Auf Abszesse und Knoten unter der Haut ist zu achten.
- Ist die Schlange von Parasiten, wie z. B. Milben und Zecken, befallen, ist von einem Kauf abzuraten. Solche Tiere befinden sich in einem Streßzustand, der eventuell andere, nicht sofort sichtbare Krankheiten nach sich zieht.
- Der Körper muß vollkommen frei von alten Häutungsresten sein. Schlechte Häutungen deuten auf eine zu trockene Haltung oder schlechten Allgemeinzustand hin.
- Der Körper sollte keine Verletzungen aufweisen. Hierbei ist besonders auf Verkrüppelungen im Schwanzbereich zu achten. Deformationen im Schwanzbereich oder gar fehlende Schwanzenden sind auf groben Umgang mit den Schlangen zurückzuführen.
- Öffnen Sie das Maul der Schlange. Die Färbung im Inneren des Maules

muß leicht rosa sein. Auf abgebrochene bzw. lose Zähne ist zu achten. Das Maulinnere muß schleimfrei sein und es dürfen keine Rötungen oder eitrige Stellen zu sehen sein. Dies ist oft der Anfang einer Maulfäule. Zäher Schleim im Maulinneren und Geräusche beim Atemholen, sowie Atmen mit geöffnetem Maul deuten auf eine Erkrankung der Atmungsorgane hin.

- Der Kloakenbereich muß sauber und darf nicht verklebt sein.
- Selbst angriffslustige Exemplare sind nach dem Herausnehmen aus ihrer gewohnten Umgebung eher ängstlich und verhalten sich in der Hand ruhig. Solche, die sich, nachdem sie in die Hand genommen wurden, wie wild gebärden, sich dabei um den Arm wickeln und sich fast selbst erdrosseln, sind in der Regel Wildfänge, die noch nicht eingewöhnt sind.
- Grundsätzlich sind Nachzuchten für die Terrarienhaltung besser geeignet; erstens aus Gründen des Naturschutzes, zweitens sind sie unempfindlicher und einfacher zu halten. Um eine Vorstellung zu bekommen, wie sich die Jungtiere, sofern sie noch nicht umgefärbt sind, entwickeln, ist es ratsam, sich die Elterntiere zeigen zu lassen. Dies gibt zusätzlich Sicherheit, daß es sich tatsächlich um Nachzuchten handelt (Bilder von Gelege und Schlupf zeigen lassen).

Folgende Fragen sind für den Käufer ebenfalls wichtig und sollten auf jeden Fall gestellt werden:

- Angaben zum Geschlecht, sofern dies möglich ist
- Frißt die Schlange gut?
- Welche Futtertiere wurden bis jetzt verfüttert?
- Wann wurde das Tier zuletzt gefüttert?
- Werden lebende oder tote Futtertiere angenommen?
- Wann wurde zuletzt gekotet?
- Wann war die letzte Häutung?
- Wurde das Tier medikamentös behandelt, z.B. entwurmt etc.?

5.1.3. Eingewöhnung

Nach dem Kauf wird jede Schlange, auch wenn sie gesund erscheint, alleine in einem separaten Terrarium gehalten. Dies geschieht vor allem, um eventuelle Krankheitsübertragungen auf den übrigen Bestand zu vermeiden. Auch lassen sich Freßgewohnheiten und Verhaltensweisen besser beurteilen. Der erste abgesetzte Kot muß vorsorglich vom Tierarzt oder einem Veterinäruntersuchungsamt begutachtet werden. Sind keine Auffälligkeiten zu bemerken, wird die Quarantänezeit nach ca. zwei Monaten beendet.

Bis ein neu erworbener adulter Baumpython sich eingewöhnt hat oder für Zuchtzwecke geeignet ist, können unter Umständen ein bis zwei Jahre vergehen. Dies betrifft insbesondere Wildfänge, deren körperliche Verfassung oft sehr schlecht ist. Schlangen, die sehr nervös und aggressiv sind, erscheinen uns für die Zucht ebenfalls nicht geeignet, sofern sie dieses Verhalten im Laufe der Zeit nicht ablegen.

5.1.4. Inzucht und Hybriden

Inzuchten stellen uns heute vor ein großes Problem. Aus Unkenntnis, Gleichgültigkeit oder Profitgier werden Geschwistertiere untereinander und über mehrere Generationen hinweg verpaart. Bei kritischen Bemerkungen gegenüber diesen Praktiken bekommt man zu hören, daß dies kein Problem bei der Zucht darstelle. Tatsache ist jedoch, daß Inzuchten langfristige Schäden im Erbgut anrichten. Beispielsweise verändert sich die Färbung der nächsten Generationen (sie wird in der Regel heller). Die Schlupfrate verringert sich, und häufiger auftretende Mißbildungen sind die Folge. Amelanistische Exemplare (Farbmutanten) sind durch gezielte Inzucht bereits beim Grünen Baumpython aufgetreten - ein sehr fragwürdiger "Erfolg".

Es kann nicht das Ziel sein, genetisch bedingte Manipulationen durch Zuchtauswahl herbeizuführen, nur um ein bestimmtes Merkmal, wie z.B. fixierte Farbeinschläge, zu erzielen. Wir hoffen, daß sich diese Unsitte, die im besonderen von Natternzüchtern praktiziert wird (Beispiel Kornnatter), nicht auch beim Grünen Baumpython fortsetzt. Solche Zuchtversuche führen zu unwiderruflichen Genverlusten, was letztendlich wieder dazu führt, daß seriöse Züchter auf Wildfänge zurückgreifen müssen, um wieder genetisch einwandfreie Tiere nachzuziehen. Dies steht jedoch im krassen Gegensatz zu dem Ziel, den Bestand in der Natur zu schützen und würde jegliche Nachzuchtprogramme in Frage stellen.

Wie bereits in Kapitel "Geographische Verbreitung" erwähnt, erstrecken sich die natürlichen Vorkommen von *M. viridis* über ein riesiges Gebiet. Der Python kommt in Australien und Indonesien vor. Durch die Isolierung der Bestände zwischen den Kontinenten sowie den Inseln unterscheiden sich die Schlangen teilweise erheblich in Form, Größe und Farbe. Hier fehlen bis heute noch jegliche Forschungsergebnisse, die klären könnten, ob sich bei Vorkommen der verschiedenen voneinander isolierten Herkunftsgebiete möglicherweise Rassen gebildet haben. Bis hier gesicherte Erkenntnisse vorliegen, ist es angebracht, Exemplare aus voneinander isolierten Gebieten nicht zu verpaaren. Da die Fundorte aufgrund fehlender oder ungenauer bzw. falscher Angaben nicht immer bestimmt werden können, empfiehlt es sich, nur solche Exemplare zur Paarung zusammenzusetzen, die sich anhand äußerlicher Merkmale nicht wesentlich voneinander unterscheiden.

Das Ziel von Haltung und Zucht aller Wildtiere, so auch von *Morelia viridis*, kann nur die Erhaltung genetisch unveränderter Arten sein. Kreuzungen mit anderen Arten sowie Selektionszüchtungen, die nur kommerziellen Zwecken dienen, um extravagante Farben herauszuzüchten und diese dann als Seltenheit zu hohen Preisen zu verkaufen, sind unbedingt abzulehnen.

5.2. Das Terrarium

5.2.1. Größe

Über die erforderliche Größe des Baumpythonterrariums gibt es durchaus unterschiedliche Auffassungen bei den Terrarianern, die sich mit dieser Schlangenart befassen. Im "Gutachten über Mindestanforderungen an die Haltung von Reptilien" (Bundesministerium für Ernährung, Landwirtschaft und Forsten, 1997) ist die Mindestgröße der Terrarien hingegen klar definiert. Als Faktoren für die Terrariengröße, die mit der Körperlänge der Tiere zu multiplizieren sind, werden für *Morelia viridis* 0,75 x 0,5 x 1,5 (LBH) angegeben, bezogen auf zwei etwa gleich große Exemplare. Für ein adultes Paar dieser Art (angenommene Länge von 1,5 m) ist folglich ein Terrarium mit den Maßen 1,13 x 0,75 x 2,0 m (LBH) vorgeschrieben. Unabhängig vom Ergebnis der Maßberechnung wird die Maximalhöhe der Schlangenterrarien auf 2 m begrenzt.

Die Nachzucht des Grünen Baumpythons ist in relativ kleinen Terrarien ebenso wie in großzügigen Schauanlagen geglückt. Allerdings ist die Wahl der Terrariengröße letztlich auch von den räumlichen Möglichkeiten des Pflegers abhängig. Das Terrarium darf unserer Ansicht nach nicht zu klein bemessen sein. So kann es bei paarweiser Haltung der Tiere auf engem Raum zu Streßerscheinungen wie übermäßiger Aggressivität oder Futterverweigerung kommen. Auch der Futterneid mancher Exemplare führt bei beengten Raumverhältnissen oft zu heftigen Beißereien unter den Tieren.

Nicht nur die Größe des Terrariums, sondern auch dessen Gestaltung nehmen Einfluß auf das Verhalten der Schlangen. So kommt es in spärlich eingerichteten Behältern zur Reizverarmung der Tiere. Freßunlust und Inaktivität sind die Folgen. Einige Exemplare quittieren solche Mißstände durch ständiges Umherkriechen (auch am Tage) und finden keine Ruhe. Der Zustand ist reversibel, wenn die Schlangen in ein artgerechtes Terrarium umgesetzt werden.

5.2.2. Terrarienklima

Beleuchtung

Für die Zucht und Haltung von Riesenschlangen, insbesondere von *M. viridis*, die Bewohner des Regenwaldes sind, spielt die Beleuchtung eine eher untergeordnete Rolle.

Zur Beleuchtung der Terrarien haben sich Leuchtstoffröhren als zweckmäßig erwiesen. Zusätzlich setzen wir noch je nach Größe des Terrariums ein oder mehrere handelsübliche Strahler (40 bis 60 Watt) ein. Diese geben zwar zusätzlich Licht ab, sind aber in erster Linie als Wärmequelle installiert. Die Strahler werden an einen Dimmer angeschlossen. Dadurch ist die Heizleistung regulierbar und die Strahler haben eine wesentlich längere Lebensdauer, wenn sie nicht ständig mit Höchstleistung betrieben werden.

Auf den Einsatz von Halogenstrahlern zur Beleuchtung oder als Wärmequellen sollte verzichtet werden.

Bei Terrarien, die wir versuchsweise mit Halogenstrahlern ausstatteten, wurden die damit beleuchteten Bereiche grundsätzlich von *M. viridis* gemieden. Die Helligkeit, die von den Halogenlampen ausgeht, ist für die Schlangen zu intensiv. Auffälligkeiten, wie Muskelzittern und krampfartige Körperbewegungen der Tiere können mit der

Bestrahlung mit Halogenlampen in Zusammenhang gebracht werden. Wir konnten diese Symptome bei *Leiopython albertisii* beobachten. Sie verschwanden nachdem die Halogenlampen ausgeschaltet und die von uns normalerweise verwendeten Strahler angeschlossen wurden.

Unter natürlichen Bedingungen sind die Aufenthaltsorte von *M. viridis* unter dem dichten Blätterdach der Bäume nicht übermäßig der Sonne ausgesetzt. Das Terrarium darf daher ebenfalls nicht zu hell beleuchtet sein. Auf jeden Fall müssen helle und dunkle Bereiche vorhanden sein. Die einzelnen Tiere zeigen in der Wahl ihrer Ruheplätze eine große Individualität. Einige Tiere bevorzugen stärker ausgeleuchtete Stellen des Terrariums, während andere eher etwas schattigere und geschützte Stellen an den Wänden und eventuell auch unter Blättern aufsuchen.

Als Leuchtstoffröhren sollten solche verwendet werden, die ein möglichst breites Lichtspektrum wiedergeben. Bewährt haben sich Röhren mit den Bezeichnungen "Sun-Glow", "Gro-Lux" und "Repti-Glow" sowie Universal-White-Röhren. Für die Haltung und Zucht von Riesenschlangen ist zu beachten, daß lediglich die Beleuchtungsdauer aber nicht die Beleuchtungsintensität von Belang ist (Ross & Marzec 1994). Die **Beleuchtungsdauer** sollte ca. 12 bis 14 Stunden täglich betragen. Über Zeitschaltuhren sind unsere Beleuchtungsanlagen so eingestellt, daß morgens die Strahler erst eine halbe Stunde nach Einschalten der Neonröhre aktiviert werden. Abends geschieht dies in umgekehrter Reihenfolge. Eine halbe Stunde vor der Leuchtstoffröhre werden die Strahler ausgeschaltet. Die Lichtintensität wird hierdurch verringert, eine Dämmerung wird simuliert. Für die Schlangen wirkt hierdurch der Übergang von Tag zu Nacht und umgekehrt weniger abrupt.

Aufgrund der Verbrennungsgefahr müssen Heizstrahler und Beleuchtungsgeräte aller Art grundsätzlich außerhalb des Terrariums über einem Schutzgitter angebracht werden.

Ist der Einbau nur innerhalb des Terrariums möglich, ist es zwingend geboten, einen Schutzkorb zu verwenden, der den gesamten Strahler umgibt.

Heizung

Zur Beheizung des Terrariums lassen sich im Fachhandel erhältliche Heizmatten, Kabel, Strahler, aber auch normale Glühbirnen einsetzen und sinnvoll kombinieren. Wichtig ist eine zuverlässige Regelung der Heizelemente durch Thermostate und Zeitschaltuhren, wobei wir aus Sicherheitsgründen zur doppelten Kontrolle immer ein zusätzliches Thermometer mit Fernfühler einsetzen. Mit handelsüblichen Dimmern und daran angeschlossenen Heizungen lassen sich ebenfalls recht genaue Temperaturen erreichen.

Abb. 22. Heizstrahler werden mit Gittern abgesichert. Foto: O. Weiss

Unsere Aufzuchtterrarien (25 cm x 30 cm x 40 cm LBH) werden mit 15 Watt Glühbirnen beheizt, die über solche Dimmer geregelt werden. Zur eigentlichen Beleuchtung dieser Kleinterrarien verwenden wir Kücheneinbaulampen mit jeweils einer Leuchtstoffröhre. Dabei erzeugen die Vorschaltgeräte zusätzliche Wärme.

Grundsätzlich dürfen Kleinterrarien nicht von oben und von unten gleichzeitig beheizt werden, da die Schlangen durch die aufsteigende Wärme keine Möglichkeit haben, in kühlere Bereiche auszuweichen. Dies ist bei einem Defekt des angeschlossenen Thermostaten besonders fatal.

Zur Beheizung der größeren Terrarien haben sich handelsübliche Strahler bewährt, die Licht und Wärme abgeben. Zusätzlich wird ein Infrarotstrahler installiert. In jedem Fall müssen diese Strahler mittels einer Porzellanfassung installiert werden, da sie eine enorme Hitze entwickeln. Wir setzen diese Strahler ausschließlich in Verbindung mit Thermostaten ein, die eine Absenkung der Nachttemperatur ermöglichen. Somit ergibt sich ein geregelter Tag-Nacht-Rhythmus. Diese Thermostate befinden sich außerhalb des Terrariums.

Die aktuellen Temperaturen werden über einen Fernfühler gemessen. Sinnvoll ist es, den Fühler des Thermostaten sicher und fest nahe der gewohnten Ruheplätze der Schlangen zu plazieren. So kann dort die bevorzugte Temperatur mittels Heizstrahler entsprechend eingestellt werden. Durch das Anbringen der Heizelemente (Strahler) läßt sich ein vertikaler Wärmegradient erzielen. Die Anordnung der Äste in verschiedenen Höhen des Terrariums ermöglicht es den Tieren, unterschiedliche Temperaturbereiche aufzusuchen. Am Beispiel des abgebildeten Terrariums (s. Kapitel Holzterrarium), das eine Höhe von 80 cm aufweist, ergeben sich bei einer geregelten Strahlungsleistung von 60 Watt folgende Temperaturabstufungen:

Abstand unterhalb der Wärmequelle	Temperatur
15 cm	31 °C
20 cm	27 °C
30 cm	25 °C
60 cm	23 °C

Die **Lufttemperatur** soll tagsüber bei 29 - 31 °C liegen und in der Nacht auf 23 - 25 °C abfallen. Lokale Höchstwerte bis zu 35 °C sind kein Problem, solange die Schlange die Möglichkeit hat, in kühlere Regionen auszuweichen.

Eine andere Möglichkeit, die unmittelbare Umgebung der Tiere zu erwärmen, besteht darin, eine Heizmatte in Höhe der Liegeäste an der Rück- oder Seitenwand des Terrariums zu befestigen. Bei Anbringung des o.g. Heizelements muß zum Schutz der Tiere (Verbrennungsgefahr) die Heizfläche mit einem Drahtgitter umgeben werden.

Luftfeuchtigkeit

Die Aufrechterhaltung einer hohen Luftfeuchtigkeit spielt für das Wohlbefinden von *M. viridis* eine entscheidende Rolle. Entsprechend den Verhältnissen im natürlichen Lebensraum, in dem das ganze Jahr über keine größeren Trockenperioden auftreten, ist diesem Teil der Pflege besondere Aufmerksamkeit zu widmen.

Gemessen und überwacht wird die relative Luftfeuchtigkeit mittels eines

Hygrometers. Geeignet sind sogenannte Haarhygrometer, die - teilweise mit einem Thermometer kombiniert - im Fachhandel erhältlich sind.

Die Hygrometer dürfen eine Abweichung von plus/minus 5 % nicht überschreiten. Die Geräte müssen grundsätzlich vor dem Anbringen in das Terrarium geeicht werden. Hierbei wird das Hygrometer in ein feuchtes Tuch gewikkelt. Nach ca. 15 Minuten muß dann die relative Luftfeuchtigkeit 98 bis 100 % betragen. Ist dies nicht der Fall, wird der Zeiger mittels Schraubenzieher an der Stellschraube, welche sich auf der Rückseite des Hygrometers befindet, auf diesen Wert eingestellt. Um die Genauigkeit eines Hygrometers über längere Zeit zu gewährleisten, muß dieser Vorgang halbjährlich wiederholt werden. Digitale Hygrometer mit Fernfühler sind ebenfalls geeignet. Sie brauchen nicht geeicht zu werden.

Morelia viridis regelt seinen Wasserhaushalt zum großen Teil über die Atemluft und die Haut. Pythons, die über längere Zeit bei zu niedriger Luftfeuchtigkeit und eventuell auch noch ohne Trinkwasser gehalten wurden (z.B. beim Import von Wildfängen), erkranken oder sterben unweigerlich an den Folgen von Austrocknung. Wie wichtig und wie hoch die indirekte Aufnahme von Wasser ist, wird z. B. während der Naturbrut deutlich. Bei einer Inkubationszeit von ca. 50 Tagen bei 29,5 - 31,5 °C verläßt das Tier zu keinem Zeitpunkt das Gelege um zu trinken. Wenn die durchschnittliche relative Luftfeuchtigkeit während dieser Zeit konstant 90 bis 100 % beträgt, kann der Wasserhaushalt der Schlange über die Atemwege und die Haut ausgeglichen werden, ohne daß das Tier Schaden nimmt. Nach der Brutzeit trinkt das Weibchen wieder ausgiebig.

Wir sprühen in unseren Terrarien täglich zwei bis drei mal. Dadurch wird eine durchschnittliche relative Luftfeuchtigkeit von ca. 70 bis 80 % erreicht. Unmittelbar nach dem Sprühen beträgt die Luftfeuchtigkeit nahezu 100 %. Es werden nicht nur die Terrariumeinrichtung, sondern auch die Tiere selbst ausgiebig besprüht. Dadurch bleiben Wassertropfen an den Tieren haften, die nachhaltig für eine hohe Luftfeuchtigkeit sorgen. Diese Wassertropfen sowie ablaufendes Wasser, das sich in den Körperschlingen der Tiere sammelt, werden ebenfalls getrunken.

Als Sprühwasser ist normales Leitungswasser geeignet. Owohl dieses zu Kalkflecken auf Pflanzen und Glasscheiben führt, raten wir von der Verwendung von destillierten Wassers ab, da die Tiere die auf ihnen haftenden Wassertropfen trinken und ihnen wichtige Nährstoffe verloren gehen würden.

Das zum Sprühen verwendete Wasser darf nur temperiert (ca. 25 - 30 °C) verwendet werden. Durch kaltes Sprühwasser würden die Tiere zu sehr abkühlen.

Im natürlichen Lebensraum nimmt die Temperatur nach einem Regenguß kaum ab. Wird die Temperatur des Terrariums mittels Fernfühler über einen Thermostaten geregelt und trifft kaltes Wasser auf den Fühler, ist die Folge eine unnötige Abgabe von Wärme durch die Heizelemente. Da mehrmals täglich gesprüht wird, läßt sich durch angewärmtes Wasser erheblich Energie einsparen. Es ist meist schon ausreichend, die Drucksprühgeräte auf das Terrarium oder die Heizung zu stellen, um dadurch das Wasser zu erwärmen.

Bei größeren Terrarienanlagen kommen auch **Beregnungsanlagen** in Betracht, die im Terraristikfachhandel oder auch im Gartenbauhandel erhältlich sind. Diese werden mit einem Druckminderer und einer Zeitschaltuhr an die Hauswasseranlage angeschlossen und gewährleisten somit eine regelmäßige Bewässerung der Terrarien.

Eine genaue Einstellung der Wassermenge ist hierbei unbedingt notwendig, um Überschwemmungen vorzubeugen. Solche Anlagen sind teuer und für den Laien kompliziert zu installieren. Eine weitere Möglichkeit, die Luftfeuchtigkeit im Terrarium zu erhöhen, besteht darin, ein Wasserbecken im Terrarium mittels einer Aquarienmembranpumpe zu durchlüften. An dem Ende des Schlauchs wird ein Sprudelstein (Aquaristik) angebracht, der im Wasserbecken liegt. Die aufsteigenden Luftblasen erhöhen deutlich die Luftfeuchtigkeit im Terrarium. Mittels Ultraschallverneblern, angeschlossen an einer Zeitschaltuhr, kann die relative Luftfeuchte genau eingestellt werden. Diese Geräte entbinden den Terrarianer jedoch nicht davon, die Tiere mindestens einmal am Tag selbst anzusprühen.

Pflanzen sind nicht nur dekorativ und dienen den Tieren als Versteckmöglichkeit, sondern haben auch einen hohen Stellenwert bei der Erzeugung und Aufrechterhaltung der erforderlichen Luftfeuchtigkeit. Die feuchte Erde, aber auch die Blätter der Pflanzen sind nach dem Besprühen Träger von Wassertropfen, die nach und nach verdunsten.

Zuletzt sorgt feuchtigkeitspendender Bodengrund, wie z. B. Blähton, Tonkiesgranulat oder Kokosfasern für anhaltende Luftfeuchtigkeit; besonders dann, wenn das Substrat von unten mittels Heizkabeln und Heizmatten stundenweise leicht beheizt wird, wodurch eine stetige Verdunstung gewährleistet ist.

Wegen Überhitzungsgefahr sind auf dem Terrarienboden Heizelemente mit geringer Wattzahl und nur bei Terrarien mit ausreichender Höhe zu verwenden.

Belüftung

Trotz der konstant hohen Luftfeuchtigkeit ist darauf zu achten, daß keine stickige Luft im Terrarium entsteht. Dies würde auf Dauer, ebenso wie eine zu trockene Haltung, zu Atemwegserkrankungen der Tiere führen. Für einen ausreichenden Luftaustausch muß gesorgt werden. Reicht eine Belüftung durch die angebrachten Belüftungsgitter nicht aus (ständig beschlagene Scheiben), wird eine bessere Zirkulation durch Kleinventilatoren oder Aquarienmembranpumpen erreicht. Als sinnvoll hat es sich erwiesen, die Geräte mit den Heizelementen, z.B. Strahler, zeitlich zu koppeln. Hierdurch ist eine Umwälzung während der Wärmestunden mehrmals täglich gewährleistet. Bei kleinen Aufzuchtterrarien ist es ausreichend, die Pumpe an eine Zeitschaltuhr anzuschließen, so daß sie automatisch alle zwei Stunden für einen Zeitraum von ca. 15 Minuten in Betrieb gesetzt wird.

5.2.3. Einrichtung

Bepflanzung und Astwerk

Das Terrarium muß reichlich bepflanzt und mit genügend Kletter- und Liegeästen ausgestattet sein. Als baumbewohnende Riesenschlange benötigt *Morelia viridis* ein Terrarium mit ausreichender Höhe. Tagsüber ruhen sie in der für sie typischen symmetrisch zusammengerollten Weise auf höhergelegenen Plätzen, während sie sich in ihrer nächtlichen Aktivitätsphase im gesamten Raumangebot des Behälters

Abb. 23 (oben). Täglich werden Einrichtungsgegenstände und Tiere im Terrarium mit temperiertem Wasser besprüht.

Abb. 24 (rechts). Drahtkörbe verhindern, daß die Tiere sich an Lampen oder Heizstrahlern verbrennen können.

Abb. 25. Baumpythons bevorzugen horizontal im Terrarium angebrachte Äste, auf denen sie tagsüber in typischer zusammengerollter Weise ruhen.

bewegen. Sie bevorzugen horizontal im Terrarium angebrachte Äste, welche nicht zu dünn sein dürfen. Hier eignen sich besonders Äste von Eichen, Buchen oder auch Obstgehölz. Es ist empfehlenswert, diese Äste, bevor sie ins Terrarium eingebaut werden, mit einer Wurzelbürste und heißem Wasser gründlich zu reinigen. Manche Terrarianer verwenden auch geschliffene Rundhölzer oder Bambusstäbe, welche in verschiedenen Stärken erhältlich sind. Die Verwendung dieser glatten Hölzer ist nicht unproblematisch, da als Häutungshilfe insbesondere rauhe Äste benötigt werden.

In seinem natürlichen Lebensraum bewohnt *M. viridis* die Bäume, Büsche und Sträucher tropischer Wälder, die mit ihrem dichten Laubwerk den Tieren Schutz und Versteckmöglichkeiten bieten. Diesem Bedürfnis der Tiere nach einem ungestörten Ruheplatz muß man auch bei der Terrariengestaltung gerecht werden.

Folgende Pflanzenarten eignen sich zur Gestaltung und gedeihen gut im tropischen Klima:

- *Croton*-Arten (Wunderstrauch)
- *Philodendron*-Arten
- *Maranta* (Pfeilwurz)
- *Asplenium* (Nestfarn)
- *Schefflera*
- *Dieffenbachia* (Aronstabgewächs)
- *Scindapsus pictus* (Efeutute - Aronstabgewächs)

Bromelien oder Orchideenarten sind als Bepflanzung ebenfalls geeignet. Mit ihnen lassen sich z. B. mit Kork verkleidete Seiten- bzw. Rückwände dekorieren.

Baumpythons suchen sich im Terrarium oft einen regelrechten Stammplatz aus, der nach nächtlichem Herumkriechen immer wieder aufgesucht wird. Es ist sinnvoll, einen solchen Ruheplatz mit Pflanzen überwuchern zu lassen, so daß sich die Tiere in dem dadurch geschaffenen Versteck sicher fühlen.

Neben dem dekorativen Aspekt und der Funktion als Versteckmöglichkeit für den Python trägt eine üppige Bepflanzung zur Aufrechterhaltung der erforderlichen Luftfeuchtigkeit bei.

Um die Pflanzen angemessen pflegen zu können, stellen wir sie mit Topf ins Terrarium. Dies ist vorteilhafter als die direkte Bepflanzung des Bodengrundes.

Bodengrund

Das Bodensubstrat spielt im Behälter von *Morelia viridis* eine eher untergeordnete Rolle, da die Tiere sich fast ausnahmslos in den Ästen aufhalten. Verschiedene Materialien kommen in Frage. Buchenholzspäne, die in verschiedenen Größen und bereits gereinigt im Zoofachhandel angeboten werden, finden als Bodengrund zunehmend Verwendung. Ein Vorteil liegt zum einen in der einfachen Handhabung, zum anderen speichern sie gut die Feuchtigkeit. Nach Besprühen der Anlage trocknet die Oberseite der Späne ab, die Unterseite bleibt aber noch längere Zeit feucht und trägt zum Erhalt der Luftfeuchtigkeit bei. Bei Verunreinigung sind die Späne leicht auszutauschen. Die Brandgefahr durch Überhitzung von Bodenheizungen - besonders in Form von Heizkabeln - ist bei diesem Material jedoch nicht zu unterschätzen.

Wir verwenden seit Jahren ein grobkörniges Lavagranulat oder Blähtonkügelchen (Hydrokultur). Beide Materialien besitzen die Eigenschaft, daß sie sehr gut Feuchtigkeit aufnehmen und speichern. Zudem sind sie weitgehend keimfrei. Einen Nachteil stellt allerdings das hohe Gewicht des Lavagranulats und die Erfordernis der gründlichen Reinigung mit Wasser vor Einbringung in das Terrarium dar. Blähtonkügelchen sind vom Gewicht und der Reinigung her besser zu handhaben. Es werden verschiedenartige Körnungen im Gartenfachhandel angeboten. Materialien wie Sand-Torfgemisch oder auch einfach nur Walderde - gemischt mit Rindenmulch - können ebenfalls verwendet werden. Bei letzterem besteht allerdings die Gefahr der Einschleppung von Ungeziefer.

Eine **Bodenheizung** ist normalerweise nicht nötig, wird aber in unseren Terrarien stundenweise zur Abtrocknung von zu nassem Bodensubstrat eingeschaltet. Zur Aufrechterhaltung von ca. 90 bis 100 % Luftfeuchtigkeit in der Brutphase (Naturbrut) kommt es gerade dann verstärkt zum Einsatz der Bodenheizung.

Wasserbecken/Trinkmöglichkeiten

Baumpythons nehmen zum einen Trinkwasser auf, indem sie die Wassertropfen aufsaugen, die sich beim täglichen Besprühen auf ihrer Haut und zwischen ihren Körperwindungen ansammeln, zum anderen wird von den Blättern der Pflanzen und anhaftenden Wassertropfen an den Glasscheiben des Terrariums getrunken.

Wir verwenden in unserem Terrarium als zusätzliche Trinkmöglichkeit wassergefüllte Blumenampeln oder ähnliche Gefäße, die in das Geäst gehängt werden. Diese Behälter sollten von innen glasiert bzw. glatt sein, so daß sie sich gut reinigen lassen. Diese Tränken werden von den Tieren bevorzugt angenommen, da sie beim Trinken ihren Liegeast nicht ganz verlassen müssen. Wasserbecken, die sich am Boden des Terrariums befinden, werden beim nächtlichen Kriechen der Schlangen eher zufällig zum Trinken aufgesucht.

Nachts können wir manchmal beobachten, daß ein Tier mit dem Kopf nach unten aus einem aufgehangenen Wasserbehälter mehrere Minuten lang ausgiebig trinkt. Beim Trinken erkennt man deutlich die Kontraktionen der seitlichen Kopfmuskeln, welche die Aufnahme des Wassers ermöglichen. Die Wasserbehälter werden alle zwei bis drei Tage ausgewaschen und mit frischem Wasser versehen, da bei den hohen Temperaturen die Gefahr der Bakterienanreicherung besteht. Zudem werden die Wasserbehälter von den Tieren auch regelmäßig zum Abkoten benutzt, so daß auf jeden Fall eine tägliche Kontrolle erfolgen muß.

Allerdings trinken nicht alle Tiere aus solchen Gefäßen. Tägliches Besprühen der Tiere selbst ist daher notwendig.

Abb. 26. Wassergefüllte Blumenampeln werden in das Geäst gehängt und dienen als weitere Trinkmöglichkeit.
Foto: O. Weiss

Einrichtung der Aufzuchtterrarien

In Aufzuchtterrarien für junge Baumpythons dürfen wie bei den der adulten Tiere einige horizontal angebrachte Liegeäste nicht fehlen. Die Äste sollten in ihrer Stärke dem Körperumfang der Tiere entsprechen und sicher im Terrarium befestigt werden. Es eignen sich Äste von fast allen Laubbaumarten, die im Terrarium in unterschiedlichen Höhen angebracht werden (optimal sind Buchenäste).

Auf keinen Fall dürfen Äste von Nadelbäumen verwendet werden.

Das austretende Harz würde die leichtgewichtigen Neonaten auf ihrem Liegeast festkleben lassen. Einige Züchter verwenden kleine, aus dünnen Rundhölzern angefertigte Leitern mit drei bis vier Quersprossen als Kletter- und Liegemöglichkeit. Diese kleinen Gestelle können im Zoohandel erworben werden, sind aber auch leicht selbst herzustellen. Sie sollten in ihrer Abmessung so konstruiert sein, daß sie zwischen Boden und Decke des Aufzuchtterrariums eingeklemmt werden können.

Abb. 27. Praktisch eingerichtetes Aufzuchterrarium.

An Pflanzen kommen rankende Arten wie *Ficus pumilo* oder *Philodendron scindapsus* in Frage, die in geeigneter Größe im Handel erhältlich sind.

Als Bodengrund darf kein Material verwendet werden, welches beim Umherkriechen durch die vorherrschende Feuchtigkeit an den Schlangen haften bleibt oder sogar verschluckt werden kann. Ungeeignet sind z.B. Buchenholzspäne, Seramis oder Rindenmulch. Wir haben gute Erfahrungen mit größe-

Abb. 28. Jungtier in Lauerstellung.

ren Blähtonkügelchen gemacht. Sie sind keimfrei, speichern sehr gut Feuchtigkeit und sind gut zu reinigen. Da die Neonaten einen gesteigerten Stoffwechsel haben und die Fütterungsabstände wesentlich kürzer sind als bei semiadulten und adulten Tieren, wird auch entsprechend oft Kot abgesetzt. Einige Züchter benutzen deshalb als Bodengrund Küchenpapier, das nach der Verunreinigung durch Kot leicht ausgetauscht werden kann. Ebenfalls saugt sich das Papier beim Sprühen voll Wasser und trägt somit zur Aufrechterhaltung einer hohen Luftfeuchtigkeit bei.

Des weiteren eignen sich 3 - 4 cm dicke auf die Größe des Terrariumbodens zugeschnittene Schaumstoffstücke oder Haushaltsschwämme in entsprechender Größe. Sie speichern gut die Feuchtigkeit und sind leicht zu reinigen. Ein Wassergefäß, am Terrarienboden aufgestellt oder ins Geäst gehängt, komplettiert die Einrichtung eines Aufzuchtterrariums. In jedem Fall ist darauf zu achten, daß alle Einrichtungsgegenstände zwecks Reinigung des Behälters leicht zu entfernen sind.

An dieser Stelle möchten wir auf die Notwendigkeit der Hygiene in den Terrarien allgemein und insbesondere in den Aufzuchtterrarien hinweisen.

5.2.4. Hinweise zum Bau von Terrarien

Das auf Abbildung 29 gezeigte **Holzterrarium** wird von einem Pärchen *M. viridis* bewohnt. Es ist in der Mitte durch eine Einschubwand teilbar.

Zum Bau dieses Terrariums, das Teil einer Anlage ist, wurden kunstharzverleimte Holzplatten verwendet. Dieses Material ist wasserfest und läßt sich gut verarbeiten. Die Holzplatten können bei Bedarf vom Tischler zugeschnitten und vormontiert werden. Zur Abdichtung sollten die Innenkanten mit Silikon versiegelt werden. Im obersten Bereich des Terrariums sind zwei mit Draht bespannte Rahmen eingesetzt, über denen je ein Strahler, ein Infrarot-

Abb. 29. Holzterrarium mit Trennwand. Foto: O. Weiss

Selbstbau eines Holzterrariums

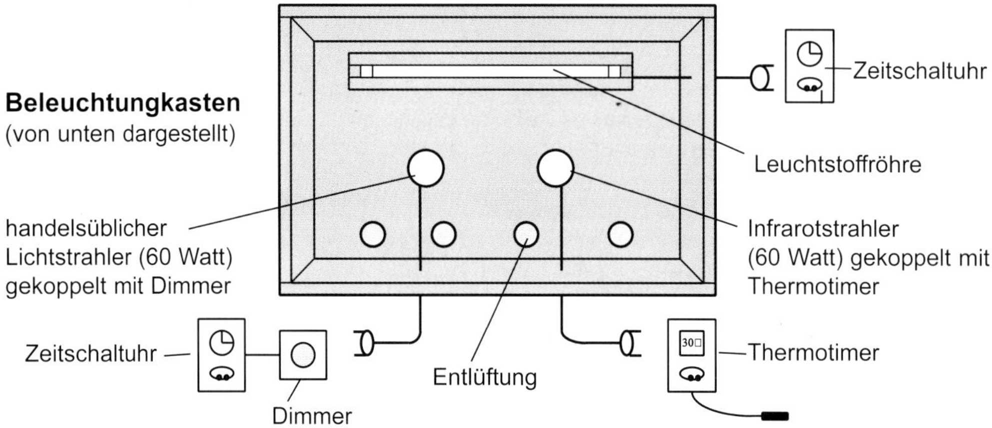

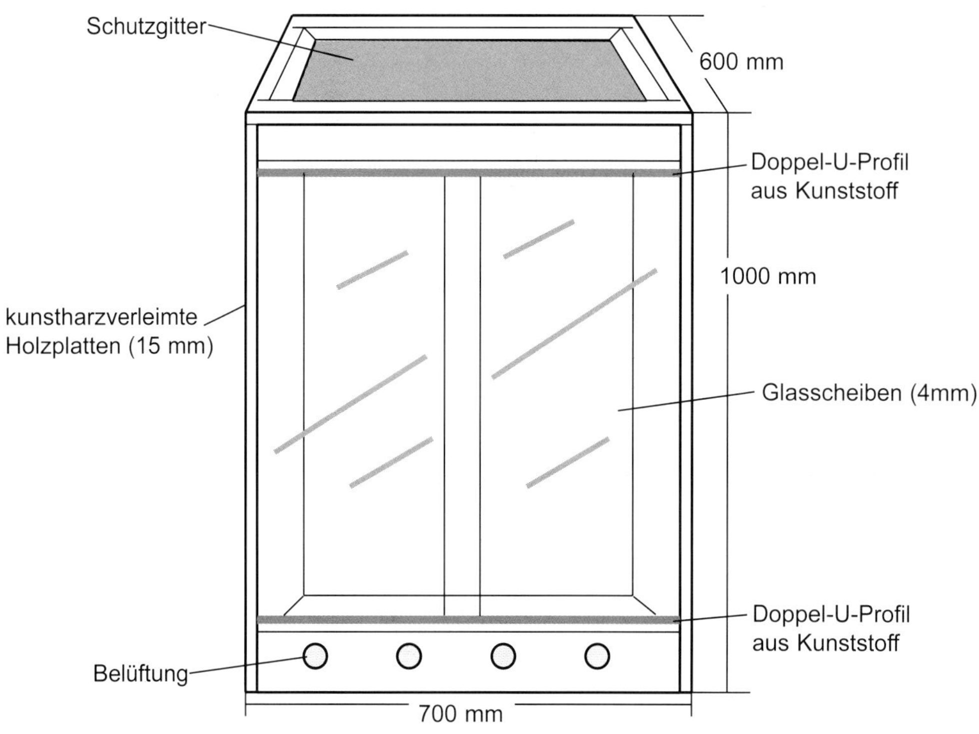

Abb. 30. Das dargestellte Terrarium ist ein Eigenentwurf und hat sich für die Haltung von Grünen Baumpythons neben dem im Text beschriebenen Terrarium bestens bewährt. Die Kosten für ein solches in Eigenleistung gebautes Terrarium liegen bei ca. 600 DM (incl. technischer Einrichtungen).

strahler und die Beleuchtung in Form von einer Neonröhre angebracht sind. Den vorderen Abschluß bilden zwei in Kunststoff-Profilen laufende Glasscheiben. Die Belüftung wird durch je drei Bohrungen von 60 mm Durchmesser in den Seitenwänden des Terrariums gewährleistet, welche von innen mit Aluminiumlochblechen abgedeckt sind. Die Äste sind mit den Seiten- und Rückwänden verschraubt.

Glasterrarien werden in den unterschiedlichsten Formen und Größen im Handel angeboten. Hier befindet sich die Belüftung im Frontsockel unterhalb der Schiebetüren, die Entlüftung ist im hinteren Bereich des Terrariumdachs eingearbeitet. Mit etwas Übung und Geschick lassen sich Vollglasterrarien auch im Selbstbau anfertigen.

Es empfiehlt sich, die Innenwände dieser Terrarien mit Preß-Korkplatten zu verkleiden, da das tägliche Besprühen mit Wasser Kalkflecken auf dem Glas hinterläßt. Zudem lassen sich Pflanzen und Kletteräste an diesen Korkplatten wesentlich unkomplizierter befestigen als an den Glasscheiben.

Die Entscheidung, ob Glas- oder Holzterrarien, bleibt am Ende jedem selbst überlassen. Wir persönlich ziehen Holzterrarien vor, da sie sich wesentlich unkomplizierter mit Ästen und sonstigen Einrichtungsgegenständen bestükken lassen.

Aufzuchtterrarien

Aufzuchtterrarien müssen die gleichen Bedingungen erfüllen wie die der adulten Tiere, vor allem im Hinblick auf Temperatur, Licht und Luftfeuchtigkeit. Wie für die adulten Tiere ist auch für die frisch geschlüpften Grünen Baumpythons ein Terrarium entsprechender Höhe erforderlich, da diese instinktiv die hoch gelegenen Äste des Terrariums als sicheren Ruheort aufsuchen. Als ideal haben sich Terrarien mit der Größe 25 x 30 x 40 cm (LBH) erwiesen. Größer als 40 x 50 x 60 cm (LBH) sollten die Aufzuchtterrarien nicht sein, da sich die kleinen Schlangen in größeren dichtbepflanzten Behältern verlieren und sich die Kontrolle, ob und wann gekotet wurde, schwieriger gestaltet. Auch lassen sich in Terrarien, die der Größe der Jungschlange entsprechen, die Klimaverhältnisse genauer aufrechterhalten.

Vollglasterrarien mit den angegebenen Maßen werden auch als "Spinnen-Terrarien" im Fachhandel angeboten.

Kleinterrarien aus Kunststoff, die mit einem Klappdeckel versehen sind, haben sich als wenig sinnvoll erwiesen, da beim Öffnen und Schließen immer eine Erschütterung des gesamten Behälters entsteht, wodurch die Tiere erheblich gestört und aufgeschreckt werden.

Bei einer Aufzuchtanlage, bestehend aus mehreren kleinen Terrarien innerhalb einer Einheit, kann eine entsprechend lange Leuchtstoffröhre ausreichen, um für die erforderliche Lufttemperatur zu sorgen. In erster Linie dient diese Leuchtstoffröhre jedoch der Beleuchtung. Zusätzlich wird pro Terrarium eine 15 Watt-Birne (Backofenbirne) installiert. Hierbei haben sich Illuminations-Fassungen (spritzwassergeschützt) mit dem dazugehörigen Kabel bewährt. Durch Reihenschaltung mehrerer Lampen wird nur ein Stecker benötigt.

Soll nur ein einzelnes Aufzuchtterrarium mit den oben angegebenen Maßen aufgestellt werden, kann dieses ausschließlich mit einer 15 Watt-Glühbirne beheizt werden, die von einem

Ab. 31. Aus Holz gefertigte Aufzuchtanlage mit vier nebeneinanderliegenden Einzelboxen.

Reflektor umgeben sein sollte, so daß die erzeugte Wärme nach unten in das Terrarium abstrahlen kann.

Die **Temperatur** soll tagsüber bei 28 bis 30 C° und nachts bei 23 bis 25 C° liegen. Nachts kann eine Heizmatte (unter dem Terrarium) hinzugeschaltet werden, um die Mindesttemperatur zu halten.

Es wird jedoch etwas experimentiert werden müssen, bis die Temperaturen optimal in ihrem Tag-Nacht-Rhythmus eingestellt sind. Bei diesen kleinen Terrarien ist es erforderlich, daß jede Heizquelle über einen Thermostaten oder einen Dimmer geregelt wird, um die Temperatur in den erforderlichen Bereichen zu halten.

Unabhängig davon, ob ein Einzelterrarium oder eine komplette Anlage betrieben werden soll, ist es notwendig, eine Testphase von mehreren Tagen durchzuführen, in der alle technischen Komponenten auf ihre Zuverlässigkeit und zeitliche Abfolge überprüft werden.

Eine Gefahr besteht darin, daß aufgrund geringer Abmessungen von Aufzuchtterrarien und den vorherrschenden Temperaturen schnell stickige Luft entsteht. Auf eine ausreichende Durchlüftung ist deshalb zu achten. Mangelnder Luftaustausch begünstigt die Vermehrung von Pilzen und Bakterien, die der Gesundheit der Neonaten schaden können. Falls die Scheiben des Aufzuchtterrariums nach dem täglichen Besprühen dauerhaft beschlagen, ist für eine Verbesserung des Luftaustausches zu sorgen (siehe Klima/Belüftung).

Die kleinen Terrarien dürfen nie an Orten mit direkter Sonneneinstrahlung, wie Fensterbänken etc., aufgestellt werden, da sie in kürzester Zeit überhitzen.

Abb. 32 (rechts oben). Jungtier im Alter von etwa einer Woche. Foto: I. Vergner

Abb. 33 (rechts unten). Wenige Tage alte Jungtiere im Aufzuchtterrarium. Foto: H. Künzl

5.3. Ernährung

Morelia viridis ist entsprechend seiner baumbewohnenden Lebensweise eher schlank. Der Pfleger muß jedoch einen guten Ernährungszustand bzw. leichtes Übergewicht von Fettleibigkeit unterscheiden können.

Ein guter Allgemeinzustand, der insbesondere für die Zucht von *M. viridis* Voraussetzung ist, wird neben den optimalen Haltungsbedingungen durch eine hochwertige Ernährung erreicht. Durch die Futtertiere werden alle für die Schlangen wichtigen Nährstoffe aufgenommen. Die regelmäßige Fütterung mit gut genährten Mäusen und Ratten trägt dazu bei, daß die Schlangen längere Nahrungskarenzen, wie sie bei der Paarung und der Trächtigkeit auftreten, unbeschadet überstehen. Ebenso werden auftretende Krankheiten von Tieren besser verkraftet, wenn sie sich in einem guten Ernährungszustand befinden.

Da die meisten Exemplare des Grünen Baumpythons gierige Fresser sind - hierbei fallen insbesondere die Weibchen auf - muß davor gewarnt werden, die Tiere zu überfüttern.

Dieser Fehler wird häufig von Anfängern bei der Haltung von *Morelia viridis* gemacht. Dahinter steht oft die Annahme, die Schlangen würden die Geschlechtsreife durch ein gesteigertes Futterangebot früher erreichen. Die tatsächliche Folge ist aber Fettleibigkeit, die bei männlichen wie bei weiblichen Exemplaren zur Sterilität führen kann. Zudem sind solche Tiere träge und zeigen meist kein Interesse an der Paarung.

Futtertiere

In menschlicher Obhut werden hauptsächlich Mäuse, Ratten und Küken verfüttert. Ihre langen nach hinten geneigten Fangzähne ermöglichen es der Schlange, auch schnell flüchtende Beutetiere sicher festzuhalten, um sie dann blitzartig zu umschlingen und zu töten. Unsere semiadulten und adulten Schlangen werden fast ausschließlich mit Ratten gefüttert.

Frisch geschlüpfte Baumpythons werden entsprechend ihrer Körpergröße mit nestjungen Mäusen versorgt. Wir behalten die Verfütterung von Mäusen so lange bei, bis die Schlangen so groß sind, daß junge Ratten verzehrt werden können. Küken werden von Baumpythons gerne angenommen. Wegen des geringen Nährwertes der Küken raten wir aber von der einseitigen Ernährung mit diesen Futtertieren ab. Auffallend nach Verfütterung von Geflügel ist, daß die Schlangen durchfallartig abkoten. Dies ist nach Verzehr von Nagern nicht der Fall.

Wie fast alle Schlangen ist auch *M. viridis* in der Lage, sehr große Beutetiere zu verschlingen. Es ist aber nicht ratsam, übergroße Tiere zu verfüttern. Die Schlangen bekommen dadurch Probleme, sich in gewohnter Manier auf ihrem Ruheast niederzulassen. Wurde ein zu großes Beutetier verschlungen, lassen sie einige Tage den Körperteil, in dem sich das Futter befindet, in einem großen Bogen vom Ast herunterhängen. Hierdurch entsteht großer Druck auf die inneren Organe, und die Haut wird unnötig belastet.

Für adulte Baumpythons erscheinen uns daher Ratten kleiner und mittlerer Größe am besten geeignet, von denen pro Mahlzeit ein bis zwei verfüttert werden.

Zeitpunkt der Fütterung

M. viridis ist eine ausschließlich dämmerungs- bzw. nachtaktive Schlange. Seine Beute findet er mit Hilfe verschiedener Sinnesorgane, wobei die wärmeempfindlichen Rezeptoren besonders wichtig sind. Dies sind grubenartige Vertiefungen, die sich an beiden Seiten des Kopfes in dem oberen Bereich des Unterkiefers sowie am Oberkiefer an der Schnauzenspitze befinden. Zum anderen verfügt *M. viridis* über ein verhältnismäßig gutes Sehvermögen bei Nacht. Beim Züngeln werden Geruchsstoffe aufgenommen, die am Jakobsonschen Organ, das sich im Racheninneren befindet, abgestreift werden. Von dort gelangen die gewonnenen Sinnesinformationen zum Gehirn, wo sie verarbeitet werden. Während Geräusche aufgrund fehlender Hörorgane nicht wahrgenommen werden, bemerken die Schlangen geringste Erschütterungen in ihrer Umgebung.

Tagsüber ruht der Grüne Baumpython auf einem Ast. Bei Fütterungsversuchen während der Beleuchtungsstunden verstecken die meisten Exemplare bei Berührungen ihren Kopf in den Körperschlingen, wobei sie zusätzlich einen zischenden Laut hören lassen, der durch plötzlich starkes Ausatmen zustande kommt. Gehen die Störungen weiter, beißen die Schlangen relativ unkoordiniert nach dem Störenfried oder stoßen mit geschlossenem Maul zu. Die Pupillen, die tagsüber zu schmalen senkrechten Schlitzen verengt sind, weiten sich bei Dunkelheit. Füttert man die Tiere am Tage, kommt es zu Fehlbissen, was eventuell auf eine eingeschränkte Sehfähigkeit bei Helligkeit hindeutet. Ebenso können die wärmeempfindlichen Sinnesgruben tagsüber bei Fütterungsversuchen durch eingeschaltete Wärmequellen, wie z. B. Strahler, irritiert werden.

Wir füttern daher grundsätzlich abends oder nachts, nachdem das Licht im Terrarium ausgeschaltet ist.

Durch die Beleuchtung des Raumes, in dem sich die Terrarien befinden, steht dem Pfleger genügend Licht zur Verfügung, wodurch die Tiere jedoch nicht irritiert werden. Einige Terrarianer verwenden Rotlichtstrahler, die außerhalb von den Terrarien angebracht sind. Diese können nachts zur Fütterung oder Routinekontrollen eingeschaltet werden. Das Rotlicht wird von den Schlangen kaum wahrgenommen.

Fütterungstechnik

Beutetiere sind vor dem Verfüttern grundsätzlich abzutöten. Dies gilt vor allem für Ratten. Verletzungen durch lebend verabreichte Nagetiere kommen öfters vor. Wird ein lebend angebotener Nager nicht optimal gebissen und umschlungen, beißt dieser sich im ungünstigsten Fall in der Schlange fest. Allzu lebhafte Beutetiere irritieren manche Schlange, so daß diese sich wieder zurückzieht. Verletzungen durch Beutetiere kommen sicherlich auch in der Natur vor. Da die meisten Exemplare jedoch tote Tiere annehmen, brauchen wir bei der Terrarienhaltung keine unnötigen Verletzungen zu riskieren.

Eingefrorenes Futter wird aufgetaut und muß vor Anbieten auf 35 - 37 °C erwärmt werden. Die Beute wird dann mittels einer langen Pinzette (mindestens 30 cm) den Schlangen vorgehalten. Aus der Hand oder mit einer kurzen Pinzette zu füttern, ist nicht ratsam, da durch die eigene Körperwärme manchmal die Hand des Pflegers mit der Beute verwechselt wird. Eingewöhnte Schlangen kommen in Erwartung des Futters sofort an die Scheibe, sobald diese nachts

Abb. 34. Baumpython in Lauerstellung.

Abb. 35 (rechts). Beutetiere werden blitzartig gepackt und umwickelt.

geöffnet wird. Das vorgehaltene Futter wird blitzartig gepackt und mit zwei bis drei Körperschlingen umwickelt. Während der Fütterung von *M. viridis* ist Vorsicht geboten, da sie bis zu zwei Drittel ihrer Körperlänge vorschnellen können.

Auf keinen Fall dürfen aus Zeitmangel oder weil eine Schlange nicht frißt lebende Futtertiere für kurze Zeit und schon gar nicht über Nacht ohne Aufsicht im Terrarium belassen werden.

Durch solche Fahrlässigkeiten wurde schon manche Schlange Opfer der Futtertiere. Abgetötete Tiere, die nicht gefressen wurden, belassen wir ebenfalls nicht in den Terrarien. Sobald sie abgekühlt sind, werden sie in der Regel nicht mehr angenommen. Werden in einem Terrarium zwei oder mehrere Baumpythons gehalten, ist es häufig schwierig, nur ein Tier zu füttern. Heftige Beißereien sind oft die Folge. Hat ein Kandidat die Beute verschlungen kann es sein, daß er versucht, einem langsamer fressenden Terrarieninsassen das Futter abzujagen. Bei Begegnungen zweier Exemplare nach der Fütterung kommt es, ausgelöst durch den Geruch der Futtertiere, der an der Schlangenhaut haftet, häufig zu Beißereien. Um dem vorzubeugen, hilft vorsorgliches Besprühen mit Wasser; hierdurch wird der anhaftende Geruch abgeschwächt. Haben sich dennoch zwei oder mehrere Schlangen in ein Futtertier verbissen und würgen sich gegenseitig, werden sie ebenfalls mit kaltem Wasser besprüht, was die Tiere veranlaßt loszulassen.

Abb. 36. Während der Fütterung ist Vorsicht geboten, da die Schlangen bis zu zwei Drittel ihrer Körperlänge vorschnellen können.

Fütterungsabstände

Bei semiadulten und adulten Tieren sind Fütterungsabstände von zwei bis drei Wochen ausreichend. Grundsätzlich gilt jedoch, mit der nächsten Fütterung so lange zu warten, bis abgekotet wurde. Steht eine Häutung bevor, warten die Schlangen mit dem Kotabsatz bis unmittelbar nach der Häutung. Durch diesen Umstand wird manchmal bis zu fünf Wochen nicht abgekotet. In dieser Zeit sollte kein Futter angeboten werden, da die meisten Exemplare die Nahrung ohnehin verweigern. Schlangen, die dennoch fressen und in der Zeit gefüttert werden, häuten sich oftmals schlecht.

Vitamingaben

Ob zusätzliche Vitamingaben bei augenscheinlich gesunden Schlangen nötig sind, ist bis heute nicht bewiesen. Wir müssen uns vor Augen halten, daß der Grüne Baumpython sowie auch alle anderen Schlangenarten ganze Beutetiere verschlingen. Die hierdurch aufgenommenen Nährstoffe dürften für den normalen Vitaminbedarf ausreichend sein. Inwieweit das in der Natur wechselnde Beutespektrum sowie die Sonneneinwirkung oder Umwelteinflüsse sich auf die Synthese und Resorption der Vitamine auswirken, ist weitgehend ungeklärt. Man hat herausgefunden, daß Schlangen in der Lage sind, Vitamin C selbst zu synthetisieren (VOSBURGH & ULLREY 1982). Vitaminmangel wird bei auftretenden Krankheiten so gut wie nie diagnostiziert. Es kann jedoch von Vorteil sein, bei auftretenden Krankheiten oder bei schlechtem

Allgemeinzustand (z. B. bei Importtieren) als unterstützende Maßnahme, Vitamine zuzufüttern. Auch nach längerem Fasten wie in der Paarungszeit oder nach der Eiablage können Vitamine zugefüttert werden. Werden Beutetiere frisch abgetötet verfüttert sehen wir keine Veranlassung von Vitamingaben bei augenscheinlich gesunden Schlangen im normalen Jahreszyklus.

Anders ist dies bei der regelmäßigen Verwendung von **Frostfutter**. Es hat den Vorteil, daß jederzeit Futter in ausreichender Menge und der richtigen Größe zur Verfügung steht. Der erhebliche Arbeits- und Zeitaufwand, der bei einer eigenen Futtertierzucht in Kauf genommen werden muß, fällt hierbei weg und macht das Frostfutter bei Terrarianern immer beliebter.

Bekanntermaßen gehen aber beim Einfrieren wichtige Nährstoffe verloren, insbesondere, wenn die Futtertiere längere Zeit eingefroren sind. Es ist ratsam, keine riesigen Mengen zu horten. Die Futtertiere sollten in Gefrierbeuteln oder Gefrierdosen bei ca. minus 20 °C und nicht länger als sechs Monate eingefroren werden (Gefrierbrand).

Geeignete Vitaminpräparate sind beim Tierarzt erhältlich. Sie sind nicht unbegrenzt haltbar und dürfen nach Farb- oder Geruchsveränderungen keine Verwendung mehr finden. Da wir fast ausschließlich Frostfutter verwenden, benutzen wir ein Vitaminkomplexpräparat (Vitamin ADE der Firma Selectavet). Die verabreichte Menge beträgt bei jeder zweiten Fütterung 0,4 ml pro kg KG. Durch die Eigenschaft der Schlangen, Vitamin C selbst zu synthetisieren, kann auf zusätzliche Vitamin-C-Gaben verzichtet werden. Ein weiteres Vitaminpräparat, das sich bewährt hat, ist Tricrescovit, welches bei jeder zweiten Fütterung (0,2 ml pro kg KG) verabreicht wird. Vor zu hohen Dosierungen ist zu warnen, da hierdurch Gesundheitsschäden zu erwarten sind. Diese Präparate werden in das tote Futtertier injiziert. Um zu verhindern, daß das injizierte Präparat aus dem Beutetier durch die Umschlingung der Schlange wieder aus dem Einstichbereich herausgepreßt wird, spritzen wir die Vitamine erst nachdem das Futtertier zur Hälfte heruntergewürgt wurde. Es ist darauf zu achten, daß hierbei die Schlangen nicht verletzt werden.

5.4. Lebenserwartung

Über das maximale Lebensalter des Grünen Baumpythons kann nur spekuliert werden. Er war noch bis vor ca. 10 Jahren auch aufgrund seines hohen Anschaffungspreises eine eher selten gehaltene Riesenschlange. Da es sich fast ausschließlich um Importtiere handelte, war aufgrund deren schlechten Allgemeinzustandes die Sterblichkeitsrate hoch. Nachzuchtversuche schlugen aus Mangel an Wissen und Erfahrung oftmals fehl. Aus diesen Gründen sind Baumpythons, die bereits seit 12 bis 15 Jahre unter Terrarienbedingungen gehalten werden, die Ausnahme.

BARRETT (1950) berichtet von mehreren Exemplaren, die im Torongo Zoologischen Garten in Sydney etwa 15 Jahre lebten. VERGNER (1994) gibt an, daß ein Weibchen, welches bei Erwerb ca. 6 bis 10 Jahre alt war, nach weiteren 11 Jahren Terrarienhaltung starb. ROSS & MARZEC (1994) berichten von einem Männchen, das sich im Zoologischen Garten Washington im Alter von 20 Jahren noch erfolgreich fortgepflanzt hat.

6. Zucht

Ein wichtiges Ziel bei der Haltung von Reptilien ist die Nachzucht der Pfleglinge. Zum einen werden dadurch die Tierbestände in der Natur geschont und zum anderen erhalten wir den lebendigen Beweis dafür, daß es gelungen ist, den natürlichen Lebensraum der Tiere im Terrarium so nachzugestalten, daß die Reptilien sich wohl fühlen und sich vermehren.

Während der Grüne Baumpython früher als heikel galt und unter Terrarienbedingungen kaum zur Vermehrung gebracht werden konnte, gehört die Art heute zu den beliebtesten Riesenschlangen, über deren erfolgreiche Zucht zahlreiche Veröffentlichungen erschienen sind (KRATZER 1962, BARTLETT 1977, WALSH 1977, 1979, BRANNIAN et al. 1980, RICHTER 1981, VAN RIEL 1981, HOLLANDER 1982, PILLICH 1982, VAN MIEROP et al. 1982, GETREUER 1983, ZULICH 1983, 1984, FASLER 1984, SCHOUTEN 1984, WALSH 1985, VAN DER HEIJDEN 1986, HARTMANN & STEINER 1987, RICHTER 1988, ROSS & MARZEC 1990, MILLGATE 1991, KIVIT 1992, HORTENBACH 1995, KÜNZL 1998, SWITAK 1998).

6.1. Geschlechtsreife und Geschlechtsbestimmung

Voraussetzungen für eine erfolgreiche Nachzucht sind adulte Tiere beiderseitigen Geschlechts, welche möglichst aus dem gleichen Herkunftsgebiet stammen, bzw. dem äußeren Erscheinungsbild nach gleich aussehen.

Die **Geschlechtsreife** wird beim Grünen Baumpython mit ca. 2 1/2 bis 3 Jahren erreicht (ROSS & MARZEC 1994, SWITAK 1998). Die Weibchen sollten jedoch aufgrund von zu geringem Körpergewicht/ Größe nicht vor 4 Jahren für die Zucht eingesetzt werden.

Um Gewißheit über das Geschlecht zu erlangen, ist bei *M. viridis* eine **Sondierung** notwendig. Einige andere Merkmale, wie Kopfform, Länge, Gewicht, Länge der Aftersporne, sind keine eindeutigen Merkmale zur Geschlechtsbestimmung, insbesondere dann nicht, wenn keine Vergleichsmöglichkeit mit anderen Tieren im gleichen Alter gegeben sind.

Eine Geschlechtsbestimmung durch Sondieren darf keinesfalls zu früh durchgeführt werden. Das hiermit verbundene Verletzungsrisiko ist bei Tieren im Alter unter 12 Monaten zu hoch. Obwohl immer wieder Nachfragen von Kaufinteressenten bezüglich des Geschlechts bei wesentlich jüngeren Tieren auftreten, können wir nur von einer zu frühen Sondierung abraten. Durch unsachgemäße Handhabung der Sonden kann es zu Verletzungen der Geschlechtsorgane kommen, die mit Entzündungsprozessen einhergehen. Im schlimmsten Fall werden durch fehlerhafte Sondierungsversuche anatomische Strukturen zerstört, wodurch eine spätere Paarung der Schlangen unmöglich gemacht wird. Besonders bei Jungtieren unter dem genannten Alter können auch noch so vorsichtige Streckungsversuche zu einer Dislokation der Schwanzwirbel führen (s. Krankheiten, Dislokation).

Um Schäden zu vermeiden, ist es ratsam, erfahrenen Personen wenigstens einige Male beim Sondieren "über die Schulter zu schauen". Die Knopfsonden müssen in ihrem Durchmesser der Größe der Tiere angepaßt sein. Die Sonden bestehen meist aus Edelstahl und können in verschiedenen Größen im

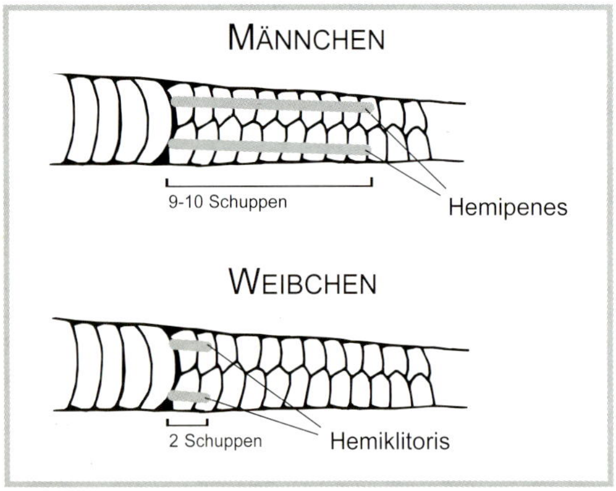

Abb. 37. Analregion mit schematischer Darstellung der Hemipenes (Männchen) und Hemiklitoris (Weibchen).

Abb. 38 (unten). Sondierung. Der Daumen dient als Orientierungshilfe des am tiefsten eingedrungenen Punktes. Die Sonde wird herausgezogen und an die Schwanzunterseite gehalten. Dann werden die Schuppen abgezählt.

medizinischen Fachhandel oder auch auf den Reptilienbörsen erworben werden.

Die Methode der Sondierung beruht auf der unterschiedlichen Tiefe der Hemiklitoris der Weibchen und der Hemipenistaschen der Männchen. Hierbei dringt sie bei den Männchen des Grünen Baumpythons 9 - 10 Schuppen, beim Weibchen nur 2 Schuppen ein (vgl. Abbildung oben). Die Hemipenistaschen vom Männchen fühlen sich beim Sondieren lang und eng, die Hemiklitoris beim Weibchen kurz und weit an (Ross & Marzec 1994). Kleine Abweichungen bezüglich der Eindringtiefe sind nach unserer Erfahrung möglich. Bevor mit der Sondierung begonnen wird, muß die Sonde mit etwas Wasser oder Paraffinöl gleitfähig gemacht werden. Hundertprozentig sicher ist auch diese Methode nicht. Muskelverkrampfung in dem sondierten Schwanzbereich können ein Eindringen der Sonde verhindern, so daß sich ein vermeintliches Weibchen später als Männchen entpuppt. In einigen Fällen ist es notwendig, die Tiere mehrmals zu sondieren, um Gewißheit über deren Geschlecht zu erlangen. Oft wird bei dem Vorgang als Abwehrreaktion Kot abgesetzt.

6.2. Gewichtszyklus

Ein weiterer entscheidender Faktor für eine erfolgreiche Nachzucht ist der Ernährungszustand der Tiere. Die Schlangen müssen regelmäßig und ausreichend gefüttert werden. Einige Zeit vor der Paarung wird etwas intensiver gefüttert, so daß die Tiere leicht übergewichtig wirken. Bei der Frage zum Optimalgewicht der Schlangen herrscht oft noch Unklarheit. Viele Schlangenbesitzer halten ihre Tiere aus Angst vor Gesundheitsschäden sogar leicht unter Normalgewicht. Nach Ross & Marzec (1994) sind jedoch gut ausgebildete Fettkörper, die die Tiere bei ausreichender Ernährung als Energiespeicher bilden, entscheidend für die Anzahl und die Qualität der Eier.

Wir müssen bei der Frage, wie viel und wie oft gefüttert wird, bedenken, daß das Männchen während der Paarungszeit (bereits mit Beginn der Temperaturveränderung) und das Weibchen während der Trächtigkeit (ab der ersten bis vierten Woche nach der Befruchtung) und während der Brutzeit keine Nahrung zu sich nehmen. Dies ergibt einen Zeitraum von 4 - 5 Monaten, in denen die Weibchen nichts fressen. Während dieser Zeit zehren sie von ihren Fettreserven, welche bis zum Schlupf der Jungtiere nahezu aufgebraucht sind. Dadurch kann es zu einem Gewichtsverlust von über einem Drittel des Körpergewichts kommen. Trächtige Weibchen verlieren bis zu 44 % ihres Körpergewichts während des Fortpflanzungszyklus (SMITH 1976). Die Futterpause der Männchen endet in der Regel nach Trennung der Geschlechter oder aber mit Beginn des normalen Temperaturzyklus. Einige Exemplare fasten noch wesentlich länger (5 bis 7 Monate). Bei männlichen Tieren macht sich ein Gewichtsverlust kaum bemerkbar.

Nach Beendigung der Brutphase oder nachdem das Gelege zur künstlichen Inkubation aus dem Nest entfernt wurde, nehmen die Schlangen meist wieder das angebotene Futter an. Bis zur nächsten Paarung werden die Tiere dann wieder intensiv und regelmäßig gefüttert.

6.3. Fortpflanzungsstimulation

Sind die Pythons in optimaler Kondition, ist es wichtig, sie durch Stimulation in Paarungsbereitschaft zu bringen. Es kann vorteilhaft sein, die Geschlechter getrennt zu halten und nur zur Paarung zusammenzubringen. Schlangen, die das ganze Jahr zusammen auf "relativ kleinem Raum" gehalten werden und ständigen Kontakt zueinander haben, verlieren unter Umständen das Interesse aneinander.

Anmerken möchten wir aber auch, daß sich eine Vergesellschaftung der Tiere im Hinblick auf die Paarungsbereitschaft nicht zwangsläufig negativ ausgewirken muß. Aus verschiedenen Gründen ist jedoch die Einzelhaltung beim Grünen Baumpython vorzuziehen.

Als wichtigste Paarungsstimulanz ist beim Grünen Baumpython die Veränderung der Temperatur (s. Abb. 39 u. 40 auf S. 50) und der Beleuchtungsdauer anzusehen. Je nach Witterungsverhältnissen verändern sich die Werte der Kurven, die hier nur als Beispiel dienen soll.

Der Grüne Baumpython ist eine nichtsaisonale Schlange, d.h. Paarung, Eiablage und Schlupf sind zu jeder Zeit des Jahres möglich. Das bestätigt eine Feldstudie, bei der im Mai in Papua - Neuguinea ein trächtiges Weibchen, ein rotes neugeborenes Exemplar sowie ein gerade umgefärbtes grünes Exemplar gefunden wurden (ROSS & MARZEC 1994). Dennoch hat es sich als erfolgreich erwiesen, die Schlangen in unseren Breitengraden in der Winterzeit (Oktober - Februar) zu Paarungsversuchen zusammenzusetzen. In dieser Zeit lassen sich die meisten Paarungsaktivitäten und letztendlich Paarungen beobachten (vgl. auch Anhang S. 106).

Selbst bei dem Einsatz von Thermostaten, die der Aufrechterhaltung der Temperatur dienen, kommt es in der kalten Jahreszeit zu geringfügigen Temperaturrückgängen, die sich vor allem in den unteren weniger beheizten Regionen des Terrariums bemerkbar machen. Heutzutage besitzen die meisten Haushalte Heizungen mit Nachtabsenkung. Werden keine Thermostate verwendet, macht sich der Temperaturabfall insbesondere nachts stärker bemerkbar. Diese jahreszeitlich bedingte Temperaturveränderung kann bei gut eingewöhnten Tieren als Paarungsstimulanz ausreichend sein. Es hat den Anschein, daß Grüne Baumpythons, die sich regelmäßig paaren, einen jährlichen Rhythmus gefunden haben, wobei dieser witterungsbedingte Temperaturabfall in den Wintermonaten als Auslöser ausreichend ist. Häufig lassen sich Paarungen in dieser Zeit in Verbindung mit Luftdruckabfall beobachten.

Frisch importierte Exemplare und auch Tiere, die sich zum ersten Mal paaren, benötigen oftmals eine stärkere Stimulanz. Dies erfolgt durch Eingreifen in den normalen Temperaturzyklus in Verbindung mit Veränderung der Beleuchtungsdauer.

Die beste Zeit liegt hierfür ebenfalls in den Monaten Oktober bis Februar. Es werden dann die Beleuchtungsstunden innerhalb einer Woche von 12 - 14 auf 8 bzw. 10 Stunden täglich verkürzt. Der Nachttiefstwert kann dann auf 22 bis 20 °C abfallen. Der Tageshöchstwert wird leicht angehoben (s. Abb. 40). So können die Tiere während der Beleuchtungsstunden genügend Wärme aufnehmen und somit unbeschadet niedrigere Nachttemperaturen ausgleichen. Wird der Tageshöchstwert auch noch während der verkürzten Beleuchtungsstunden verringert, können Erkältungssymptome auftreten. Deshalb verzichtet man auch darauf, die Schlangen kurz vor Abschalten der Wärmequellen oder in der Nacht mit Wasser zu besprühen, da die Tiere zu stark auskühlen würden.

Die Unterschiede in bezug auf die erforderliche Stimulation lassen sich wahrscheinlich durch das große Verbreitungsgebiet von *M. viridis* erklären. Tiere, die aus dem Hochland stammen, benötigen als Stimulanz vermutlich stärkere Temperaturunterschiede. Sie reagieren unempfindlicher auf einen nächtlichen Temperaturabfall als Exemplare aus dem Tiefland. SWITAK (1975) und TRUTNAU (1988) berichten, daß in den Bergwäldern Neuguineas Temperaturen von 14 °C gemessen werden. Es ist jedoch nicht ratsam, unter Terrarienbedingungen die Temperatur

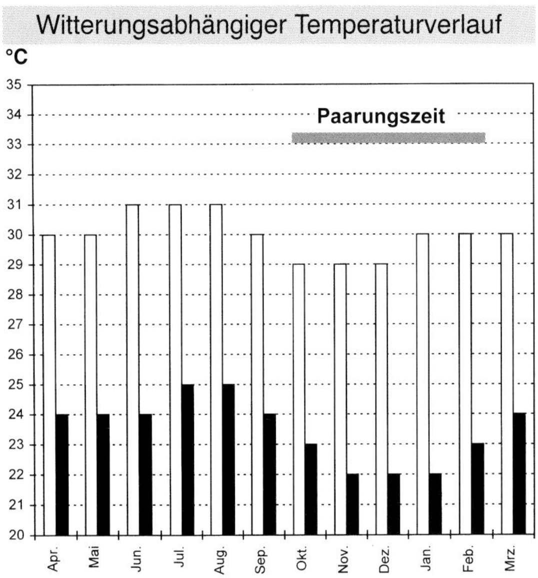

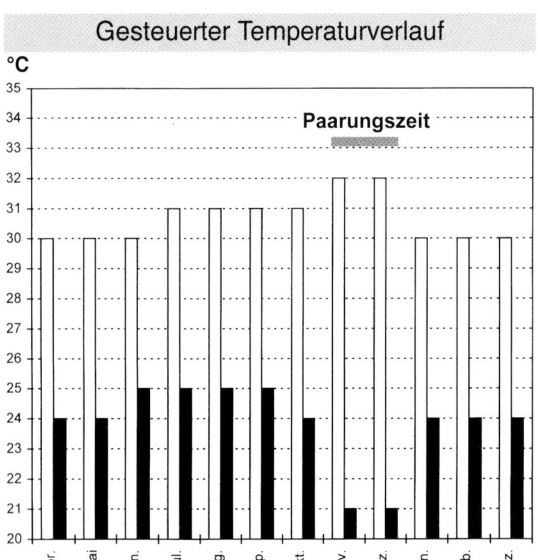

Abb. 39 (oben) u. 40 (unten). Temperaturverlauf im Terrarium (weißer Balken = Tageshöchstwert; schwarzer Balken = Nachttiefstwert).

Abb. 41. Bei der Paarung versucht das Männchen, das Weibchen in die richtige Position zu dirigieren.

Abb. 42 (unten). Nahaufnahme des Paarungsaktes.

auf diese Werte abzusenken, da Exemplare aus den Bergregionen die Ausnahme sein dürften. Da es kaum möglich ist, das Herkunftsgebiet der Baumpythons genau zu bestimmen, gehört auch etwas Glück dazu, die richtige Stimulanz zu bieten, um die Paarung einzuleiten. Nach etwa zwei Monaten werden die Temperaturen und die Beleuchtungsdauer wieder auf die normalen Werte eingestellt. Dies geschieht wieder schrittweise in umgekehrter Reihenfolge innerhalb einer Woche. Nur durch die Aufmerksamkeit des Halters kann letztendlich herausgefunden werden, in welchen Temperaturbereichen die Schlangen sich wohl fühlen und welche der genannten Stimulationen (evtl. nur eine oder auch alle zusammen) zur Paarung und zum Zuchterfolg führen.

Als letzte Maßnahme bei paarungsunwilligen "Kandidaten" kann es hilfreich sein, ein oder mehrere Männchen zusätzlich ins Terrarium zu setzen. Hierdurch ausgelöste Rangordnungskämpfe können die Paarungsbereitschaft beider Geschlechter deutlich erhöhen. Bei *M. viridis* finden diese Kämpfe in der Regel nur nachts statt. Dadurch ist es schwierig, die Tiere unter ständiger Beobachtung zu halten. Die Folgen sind oft schwere Bißverletzungen, die durch die langen und scharfen Zähne der Tiere herbeigeführt werden. Hiervon sind in erster Linie schwächere Männchen betroffen, die in dem begrenzten Raum des Terrariums nicht ausweichen können. Sogar Todesfälle können hierbei vorkommen.

6.4. Paarung

Mit Beginn der Paarungszeit ändert sich auch das Verhalten beider Geschlechter. Für den Pfleger beginnt damit der aufregendste und anspruchsvollste Abschnitt der Terrarienhaltung. Für eine erfolgreiche Nachzucht ist es erforderlich, abweichende Verhaltensweisen richtig zu deuten und mit den notwendigen Maßnahmen darauf zu reagieren. Sobald bei den Männchen der Paarungstrieb ausgelöst wird, verweigern sie die Nahrungsaufnahme. Wir können in dieser Zeit beobachten, daß die Männchen nachts verstärkt kühlere Plätze bzw. tiefer gelegene Äste aufsuchen und dort länger als üblich liegenbleiben. Obwohl die übrige Zeit des Jahres der Bodengrund gemieden wird, können wir von einem unserer Männchen berichten, welches sich vor jeder Paarung nachts auf dem Terrarienboden zusammengerollt hinlegt. Erst morgens, wenn die Beleuchtung eingeschaltet wird, sucht es Plätze in den oberen Regionen bzw. in den wärmeren Bereichen des Terrariums auf. Besonders von Anfängern könnte dieses Verhalten bei der sonst rein baumbewohnenden Lebensweise von *M. viridis* als Krankheitsymptom gewertet werden.

Der Pfleger darf jetzt nicht durch vorschnelle und übereilte Handlungen das Männchen stören, indem er es z.B. immer wieder in die oberen Äste des Terrariums legt oder sogar gegen vermeintliche Erkrankungen behandelt. Hierdurch wurden schon oft bevorstehende Paarungen vereitelt.

Das Aufsuchen kühlerer Bereiche in der Paarungszeit hängt offensichtlich mit der Bildung von zeugungsfähigem Sperma zusammen ROSS & MARZEC (1994).

Werden die Tiere getrennt gehalten, setzt man sie zwei bis vier Wochen nach Einsetzen der kälteren Periode zusammen. Werbungsverhalten läßt sich hier oftmals bereits in der ersten Nacht beobachten. Bei Pärchen, die zusammen gehalten werden, kann der Beginn des Paarungstriebes nicht genau bestimmt werden. Er kann zu Beginn, in der Mitte oder auch am Ende der kälteren Phase auftreten. Annäherungen an das Weibchen erfolgen bei unseren Grünen Baumpythons generell nachts. Die Paarung beginnt damit, daß das Männchen über den Rücken des Weibchens kriecht. Es versucht, die Partnerin in die richtige Position zu dirigieren, um seine Kloakenöffnung unter die des Weibchens zu bringen. Dies wird durch Einsetzen der Aftersporne unterstützt. Mit Hilfe dieser Rudimente "früherer Beine" stimuliert das Männchen das Weibchen; oft so massiv, daß davon Kratzspuren auf der Haut zu sehen sind.

Der Vorgang dauert so lange, bis das Weibchen die richtige Position eingenommen hat, in der sich die Schwänze beider Geschlechter umschlingen können. Die Weibchen bleiben in der Regel passiv und lassen die Männchen gewähren. Ist das Weibchen für die Befruchtung bereit, "stülpt" es seinen Kloakenbereich nach außen, so daß der Hemipenis des Männchens eindringen kann.

Da der Paarungsakt meistens nur nachts und oft in einer versteckten Position stattfindet, wird dieser Vorgang nur selten vom Pfleger beobachtet. Von Vorteil ist es, wenn sich das Weibchen während der Paarungszeit häutet. Danach fallen die Bemühungen der Männchen um so heftiger aus. Der Grund dafür sind Pheromone, ein von den weiblichen Tieren produzierter Sexuallockstoff, der aus Hautdrüsen abgesondert wird (COBORN 1992).

Wurden Paarungsbemühungen der Tiere mit Umschlingung der Schwänze beobachtet, bedeutet dies nicht zwangsläufig, daß eine Befruchtung stattgefunden hat. In dieser umschlungenen Position verharren die Tiere oft viele Stunden, manchmal bis in den nächsten Tag hinein. Hierbei nimmt das Männchen immer wieder seine Aftersporne zur Hilfe, um die Körperlage des Weibchens zu optimieren.

Im Laufe des nächsten Tages findet man sie dann wieder an ihren

Anzeichen der Paarungsbereitschaft beim Männchen	Anzeichen der Befruchtung des Weibchens
• Futterverweigerung • Aufsuchen kälterer Bereiche • nervöses und eventuell aggressives Verhalten • Stimulierung des Weibchens mittels der Aftersporne	• Futterverweigerung • Aufsuchen wärmerer Bereiche • aggressives Verhalten • Umfangsvermehrung • Farbe der Haut ändert sich (oft dunkler) • flachere Kopfform • rotierende Haltung (wurde von uns noch nicht beobachtet)

Stammplätzen, wobei die Weibchen verstärkt wärmere Bereiche aufsuchen. Die Männchen sind nachts wieder in den kälteren Regionen zu finden. In den nächsten Wochen können in unregelmäßigen Abständen weitere Annäherungsversuche beobachtet werden, die nach dem oben genannten Schema ablaufen. Während dieser Zeit wird weiterhin Futter angeboten. Es ist darauf zu achten, daß außer den Störungen durch routinemäßige Arbeiten im Terrarium die Tiere größtmögliche Ruhe erhalten. Bei einigen Exemplaren beider Geschlechter wird in dieser Zeit eine größere Nervosität und Aggressivität beobachtet.

An dieser Stelle möchten wir auf die Verhaltensweise eines unserer Männchen eingehen. Die Tiere wurden nach Befruchtung (das Weibchen hatte die Nahrungsaufnahme bereits eingestellt) nicht sofort getrennt, sondern noch einige Tage zusammen im Terrarium belassen. Das Männchen unternahm nachts weitere Paarungsversuche, indem es über das Weibchen kroch und es mittels seiner Aftersporne zu stimulieren versuchte. Das Weibchen war allerdings zu keiner Paarung mehr bereit. Dann stellten wir bei dem Weibchen Verletzungen fest, die aussahen, als wären ihm mit einem Messer Schnitte beigebracht worden. Die Tiere wurden sofort getrennt und bei genauer Untersuchung stellten wir etwa 10 durchtrennte Haut- und Muskelbereiche fest. Sie waren im Durchschnitt ca. 2 bis 4 cm lang und verliefen über den Rücken bis zur Bauchseite hin. Die Verletzungen stammten von Beißattacken des Männchens. Dieses Verhalten ist ungewöhnlich, da solche Verletzungen in der Regel nur bei Rangordnungskämpfen zwischen mehreren Männchen zu beobachten sind. Weder wir selbst noch der behandelnde Tierarzt und andere zu Rate gezogene Terrarianer konnten dieses Verhalten eindeutig erklären. Nach dem Schlupf der Jungtiere wurde das Pärchen erneut (selbstverständlich unter Beobachtung) zusammengesetzt. Die Tiere verhielten sich nun wieder völlig normal, ohne daß es zu einem weiteren Zwischenfall kam. Im darauffolgenden Winter fand erneut eine Paarung statt. Da sich zu dieser Zeit ein Terrarium im Umbau befand und noch nicht vollständig eingerichtet war, blieb das Pärchen nach der Paarung erneut zusammen.

Obwohl wir von der Gefahr wußten und die Tiere unter genauer Beobachtung standen, wurde das Weibchen plötzlich nachts erneut angegriffen und an zwei Stellen verwundet. Das ansonsten völlig friedfertige und ruhige Männchen gebärdete sich gegenüber dem Pfleger und allem, was sich in der Nähe bewegte derart aggressiv und bissig, daß es nur mit Mühe aus dem Terrarium entfernt werden konnte. Für dieses Verhalten finden wir nur eine Erklärung: das Weibchen ließ nach der Befruchtung trotz weiterer Paarungsbereitschaft und größter Anstrengung des männlichen Tieres keine Annäherung mehr zu. Dies mag vielleicht der Auslöser für die Attacken gewesen sein. ROSS & MARZEC (1994) berichten ebenfalls von Beißereien zwischen den Geschlechtern beim Grünen Baumpython. Uns war ein Geschehen in dieser Form bis dahin noch nicht begegnet, weshalb wir solche Vorkommen als Ausnahmefälle werten. Unbedingt sollten die Baumpythons während der Paarungszeit unter besonders aufmerksamer Beobachtung stehen.

6.5. Trächtigkeit

Die Trächtigkeit der Weibchen ist von unterschiedlicher Dauer und kann zwischen 69 und 127 Tagen variieren (WALSH 1977, OLEXA 1979, SWITAK 1975, OLEXA 1981, RICHTER 1981, VAN RIEHL 1981, ZULICH 1984, HARTMAN & STEINER 1987, VERGNER 1989, MILLGATE 1991, ROSS & MARZEC 1994, HORTENBACH 1995).

Bei unseren Zuchtversuchen liegt sie bei 2 1/2 bis 3 Monaten. In dieser Zeit muß für hohe Temperaturen (31 bis 33 °C tagsüber, 25 bis 27 °C nachts) im Terrarium gesorgt werden. Die Weibchen halten sich während der gesamten Trächtigkeitsdauer fast ausnahmslos in der Nähe von Wärmequellen auf.

Selbst bei Tagestemperaturen bis zu 35 °C, die direkt neben dem Weibchen gemessen wurden, blieb dieses liegen. Die Nachtwerte sollten in dieser Zeit nicht unter 25 °C fallen. Um die durchschnittliche Luftfeuchtigkeit von ca. 75% aufrechtzuerhalten, muß nun vermehrt Wasser versprüht werden. ROSS & MARZEC (1994) beschreiben, daß das vielleicht charakteristischste und deutlichste Zeichen für eine Trächtigkeit bei Boiden das Ruhen in einer umgedrehten (rotierenden) Haltung ist, wobei die Weibchen einiger Arten wie z. B. *Liasis mackloti* oder *Python regius* den Körper verdrehen und die Bauchoberseite zeigen. Dieses Phänomen konnten wir bei *M. viridis* bis jetzt nicht beobachten.

Das erste und sicherste Zeichen für eine erfolgte Befruchtung ist bei *M. viridis* die Nahrungsverweigerung des Weibchens (Nahrungsverweigerung kann auch ein unspezifisches Symptom bei diversen Krankheiten sein). Selbst solche Weibchen, die bis dahin unersättlich erscheinen, gehen nicht mehr an das angebotene Futter. Diese Beobachtungen machten auch RICHTER (1981), VAN RIEL (1981), PILLICH (1982), VERGNER (1994), ROSS & MARZEC (1994), HORTENBACH (1995) und HUFSCHMID (pers. Mitt. 1998).

Die Zeitspanne zwischen Befruchtung und Nahrungsverweigerung liegt bei einer bis vier Wochen.

Anfangs wird noch Interesse an einem Futtertier bekundet, indem es gebissen, kurz umschlungen, dann aber fallengelassen wird. Später beißt das Weibchen das Futtertier nur noch und zeigt letztendlich kein Interesse mehr. Ab diesem Zeitpunkt ist es sinnlos, dem Tier weitere Nahrung anzubieten.

Abb. 43. Gut genährte Weibchen können Nahrungskarenzen während der Trächtigkeit unbeschadet überstehen.

Dieses Verhalten ist völlig normal. Die Einstellung der Nahrungsaufnahme hängt eventuell damit zusammen, daß die Weibchen durch zusätzlich aufgenommene Beutetiere unbeweglich würden. Dies erschwert die Fortbewegung im Geäst und macht das Tier gegenüber Freßfeinden in erhöhtem Maße angreifbar. Denkbar wäre aber auch, daß die Nahrung heranreifende Eier vom Platz her einschränken und sie im Wachstum behindern würde.

Obwohl die Weibchen keine Nahrung zu sich nehmen, bemerkt man nach einiger Zeit (1 bis 1 1/2 Monaten nach Beginn der Nahrungsverweigerung) eine deutliche Zunahme des Körperumfangs. Je nach Ruhelage lassen sich manchmal einige Eier als leichte Wölbung am Körper der Schlange ausmachen. Manchmal entsteht der Eindruck, daß sich sämtliche Eier an einer Körperstelle befinden, die dann extrem dick erscheint. An anderen Tagen wiederum scheinen sich die Eier in der Leibeshöhle verteilt zu haben, wodurch die Schlange nun wieder insgesamt schlanker wirkt.

Durch die Umfangsvermehrung dehnt sich der Körper im Bereich der Eier aus und die weiße Zwischenschuppenhaut schimmert durch die Schuppen, so daß die Schlange längsgestreift erscheint. Ein weiteres Phänomen in dieser Zeit ist bei vielen Exemplaren die Umfärbung der Haut. Hierbei wurden die verschiedenartigsten Veränderungen beobachtet, wie z.B. Weibchen, die eine verstärkt blaue Rückenzeichnung bekommen, vereinzelt wechselt die Farbe auch von Grün ins Türkis über. Manche Tiere färben sich komplett blau mit weißer Bauchunterseite.

Die meisten Weibchen werden jedoch nur etwas dunkler, was darauf hindeuten mag, daß dadurch mehr Wärme aufgenommen und gespeichert werden kann. Die genaue Ursache und Bedeutung dieser Umfärbung ist jedoch nicht bekannt. Eventuell wirkt sich die durch die Trächtigkeit bedingte hormonelle Veränderung des Organismus auf die Farbpigmentierung der Haut aus. Desweiteren erscheint uns die Kopfform der Weibchen während der Trächtigkeit breiter und flacher.

Jährliche Trächtigkeit

In der Natur ist es wahrscheinlich, daß aufgrund des geringeren Futterangebotes, der Klimaeinflüsse und anderer Streßfaktoren die Weibchen nicht jedes Jahr trächtig werden. Unter menschlicher Obhut ist jedoch ein ausreichendes Futterangebot vorhanden. Die Futtertiere haben einen sehr guten Nährwert, der durch eventuelle Vitamingaben noch optimiert wird.

Daher ist eine jährliche Paarung der Tiere möglich; eine Schädigung der Elterntiere und des Geleges in bezug auf die Lebensfähigkeit der Nachzucht muß nicht zwangsläufig befürchtet werden.

Um jedoch Erkrankungen oder Verlusten vorzubeugen, ist es ratsam, nach mehreren (zwei bis vier) aufeinanderfolgenden Eiablagen oder nach sehr großen Gelegen (über 20 Eier) ein Jahr zu pausieren.

6.6. Eiablage

14 bis 23 Tage vor der Eiablage erfolgt bei *M. viridis* immer eine Häutung. Nach dieser Häutung ist es an der Zeit, einen geeigneten Eiablageplatz einzurichten, und zwar unabhängig davon, ob das Weibchen sein Gelege selbst bebrüten oder das Gelege in einen Inkubator überführt werden soll. Der Brutkasten sollte sich an einem höher gelegenen Ort des Terrariums befinden, da solche Plätze aufgrund günstigerer Temperaturbedingungen bevorzugt angenommen werden.

Die Präferenz von *Morelia viridis* für trockene Eiablageplätze, verbunden mit einer extrem hohen Umgebungsluftfeuchtigkeit, legt die Vermutung nahe, daß die Schlangen in freier Natur ebenfalls trockene Brutplätze, wie z. B. verlassene Vogelnester von Höhlenbrütern oder andere witterungsgeschützte Verstecke zur Eiablage und Brutpflege aufsuchen.

Ein Brutkasten bietet dem Weibchen und dem Pfleger Vorteile gegenüber anderen Eiablageplätzen. Die Tiere sind während der Brutphase wesentlich aufmerksamer und gereizter als üblich. Würde das Weibchen ungeschützt in einem offenen Behälter zwischen den Ästen liegen, sind einfache Arbeiten im Terrarium, wie z.B. das Auswechseln einer Lampe oder die Pflanzenpflege ohne erhebliche Störungen des Tieres nicht möglich. Bei sensiblen Tieren muß man auch damit rechnen, daß sie ihre Gelege in Folge von Störungen verlassen.

Es gibt verschiedene Möglichkeiten, den Tieren einen geeigneten Eiablageplatz zu schaffen. Wir verwenden speziell angefertigte künstliche Brutkästen, mit denen wir hervorragende Erfahrungen gemacht haben. Es wurden aber auch Holz-Brutkästen für Vögel, die man im Zoofachhandel erwerben kann, erfolgreich eingesetzt. Es kommen beispielsweise Kästen für Sittiche und Kleinpapageien in Frage (30 x 20 x 25 cm LBH mit einem Einschlupfloch von ca. 8 cm Durchmesser). Diese Vogelkästen müssen jedoch nach dem Vorbild unseres beschriebenen Brutkastens umfunktioniert werden. Einige Züchter verwenden auch Styroporkisten oder ganz einfache Kunststoffeimer, deren Boden mit Moos oder einem anderen weichen Substrat bedeckt ist. Diese Behälter werden dann in die Äste gehängt und von den Schlangen aufgesucht. Auch ist uns bekannt, daß ein Styroporkarton auf dem Boden des Terrariums gestellt, als Eiablageplatz akzeptiert wurde.

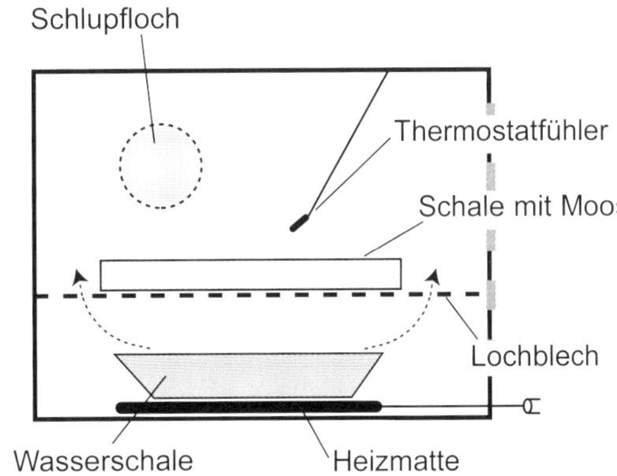

Abb. 44. Innenansicht der Bruthöhle.

Abb. 45. Außenansicht der Bruthöhle.

6.6.1. Selbstbau einer Bruthöhle

Die künstliche Bruthöhle muß solide gebaut und in technischer Hinsicht zuverlässig sein. Wir empfehlen den Bau eines Kastens aus Kunstharz-verleimten Siebdruckplatten mit den Maßen 30 x 25 x 25 cm LBH. Die künstliche Bruthöhle kann von außen mit Zierkorkstücken verkleidet werden, damit sie sich optisch in die Umgebung des Terrariums einfügt. Zudem speichert der Zierkork zusätzlich Feuchtigkeit.

Der Brutkasten wird an einer Seite oder von oben mit einer Öffnungsklappe oder einer kleinen Schiebetür versehen, damit eine Kontrolle des Geleges und der Brutbedingungen möglich ist. Diese Öffnung des Brutkastens muß so plaziert sein, daß der Pfleger sie leicht erreichen kann. Das runde Einschlupfloch befindet sich bei den von uns verwendeten Brutkästen an der Frontseite und hat einen Durchmesser von 8 cm.

Der Innenraum ist durch längs verlaufende Einschubleisten in zwei Etagen unterteilt, wobei die obere zwei Drittel und die untere ein Drittel der Gesamthöhe ausmacht. Auf diese Einschubleisten wird ein Lochblech oder starkes Drahtgitter gelegt, so daß nun eine obere und eine untere Kammer innerhalb des Brutkastens entsteht. Auf dem Boden des Kastens wird eine kleine Heizmatte mit den Maßen 14 x 14 cm angebracht. Darauf wird ein flaches Gefäß gestellt und mit Wasser aufgefüllt. Das verdunstende Wasser verteilt sich durch das Lochblech in den oberen

Abb. 46. Die Bruthöhle wird in das Terrarium integriert. Foto: O. Weiss

Abb. 47. Das Weibchen hat den Eiablageplatz angenommen.

Bereich des Brutkastens und sorgt dort für die erforderliche Luftfeuchtigkeit. Es versteht sich von selbst, daß aufgrund der Verdunstung stets Wasser nachgefüllt werden muß. Alle zwei bis drei Tage sollte das Wasser wegen der Gefahr der Bakterienanreicherung gewechselt werden. Auf das Lochblech stellen wir eine 4 cm hohe Schale, die groß genug ist, das Weibchen mit seinem Gelege aufzunehmen, aber auch das Lochblech nicht vollständig bedeckt, so daß die Luftzirkulation gewährleistet ist.

Diese Schale wird mit trockenem Moos aus dem Wald ausgepolstert. Mit diesem Material haben wir die besten Erfahrungen gemacht. Einen Nachteil hat das Moos allerdings. Vor Einbringen in den Brutkasten muß es von Hand grob gereinigt werden (Holz, Erde etc. werden entfernt). Im Moos enthaltenes Ungeziefer wird abgetötet, indem das Moos leicht angefeuchtet und in einen mikrowellengeeigneten Topf bei einer Leistung von 500 Watt ca. 6 bis 10 Minuten (je nach Größe des Topfes und Inhalt) in der Mikrowelle erhitzt wird.

Es kann auch auf den Eiablagebehälter verzichtet werden. Auf das Lochblech wird dann eine ca. 3 cm dicke Schicht Lavagranulat oder Blähtonkügelchen aufgebracht, darauf kommt eine ca. 4 cm dicke Schicht Moos.

Die künstlich geschaffene Bruthöhle wird unterhalb eines Infrarotstrahlers angebracht, der an einen Thermostaten angeschlossen ist. Der Temperaturmeßfühler dieses Gerätes ist im Inneren des Brutkastens befestigt. Durch den Strahler und die Heizmatte, die neben der Wasserverdunstung auch zur Beheizung des Kastens beiträgt, wird während der gesamten Brutdauer eine konstante Temperatur von 29,5 - 31,5 °C aufrechterhalten.

Zur zusätzlichen Kontrolle der Brutbedingungen wird der Fernfühler eines digitalen Thermometers im Inneren des Brutkastens in unmittelbarer Nähe des Geleges angebracht. So kann die Temperatur von dem außen am Terrarium angebrachten Thermometer jederzeit abgelesen werden.

Abb. 48. 5 bis 7 Tage vor der Eiablage wird die Bruthöhle nicht mehr verlassen.

Abb. 49. Weibchen während der Eiablage.

Etwa 1 bis 2 Wochen vor der **Eiablage** wird das Weibchen unruhig und kriecht nachts in dem Terrarium umher. Es prüft alle geeigneten Eiablageplätze. Während dieser nächtlichen Streifzüge wird mit Sicherheit auch der Eingang zum Brutkasten entdeckt.

Ab diesem Zeitpunkt hält sich das Weibchen tagsüber vorwiegend im Brutkasten auf. Nachts dagegen verläßt es ihn in unregelmäßigen Abständen, z. B. um zu trinken oder um nach weiteren geeigneten Eiablageplätzen zu suchen. Ungefähr 5 bis 7 Tage vor der Eiablage verläßt das Weibchen den Brutkasten nicht mehr. Die Eiablage findet in der Regel nachts statt, so daß der Vorgang vom Pfleger nur selten beobachtet wird. Die Eier werden zuerst in einem lockeren Haufen gelegt, der durch eine Körperschlinge umgrenzt und gesichert ist. Nach der Eiablage lassen sich deutlich Falten am abgemagerten bzw. eingefallenen Weibchen erkennen.

Erst nachdem alle Eier gelegt sind, häuft das Weibchen sie mit Hilfe der Körperschlingen zu einem Eiklumpen zusammen und ringelt sich dann für die beginnende Brutphase in typischer Form um das Gelege, um es auszubrüten und zu schützen. Bedingt durch die Umschlingung des Weibchens ist zu diesem Zeitpunkt das Gelege nicht mehr zu sehen, so daß auch die Anzahl der Eier nicht bestimmt werden kann. Das Weibchen umschließt das Gelege mit seinen Körperwindungen spiralförmig, wobei der Kopf auf dem obersten Ei zu liegen kommt.

Die **Gelegegröße** richtet sich nach Alter bzw. Gewicht und Allgemeinzustand des Weibchens und variiert zwischen 10 und 32 Eiern (WALSH 1977, OLEXA 1979, SWITAK 1975, OLEXA 1981, RICHTER 1981, VAN RIEL 1981, PILLICH 1982, ZULICH 1984, HARTMAN & STEINER 1987, VERGNER 1989, ROSS & MARZEC 1990, MILLGATE 1991, KIVIT 1992, VERGNER 1994, HORTENBACH 1995, SWITAK 1998). Die Gelegegrößen unserer Tiere variierten bisher zwischen 11 und 25 Eiern. Bei dem ersten Gelege junger

Weibchen kann die Eizahl entsprechend gering ausfallen (ca. 10 bis 14 Eier). Die Eier von *M. viridis* weisen unmittelbar nach der Ablage eine Länge von 33,9-42,3 mm bei einem Querdurchmesser von 21,5 - 28,3 mm und einer Masse von 11,1 - 18,6 g auf (WALSH 1977, 1985, OLEXA 1981, RICHTER 1981, WALSH 1985, VERGNER 1987). Sie sind von reinweißer Farbe und weisen zu diesem Zeitpunkt eine glatte Oberfläche auf.

6.7. Inkubation

6.7.1. Naturbrut

Wie wir entscheiden sich die meisten Züchter aufgrund der guten Zuchtergebnisse in der Regel für das Naturbrutverfahren. Ab dem Tag der Eiablage müssen genaue Temperaturwerte eingehalten werden. Die Werte im Brutkasten pendeln bei uns von Nacht zu Tag zwischen 29,5 und 31,5 °C. Bei der künstlichen Inkubation wird das Thermostat bei einer Regelgenauigkeit von 0,5 °C auf 31 °C eingestellt.

Sinken die Temperaturen unter 29 °C tritt bei den meisten brütenden Weibchen das sogenannte thermoregulatorische Verhalten auf. Man bezeichnet damit Muskelkontraktionen, wodurch die Körpertemperatur angehoben wird (dazu werden die Muskeln in kurz aufeinanderfolgenden Abständen krampfartig zusammengezogen und wieder entspannt). Durch diesen Vorgang kann Körperwärme an die Eier abgegeben werden. Dies geschieht so lange, bis die Werte auf über 29 °C angestiegen sind. Durch diese Kontraktionen - würden sie über einen längeren Zeitraum erfolgen - verbraucht das ohnehin geschwächte Weibchen noch mehr Energie. Da dieses Verhalten bei Temperaturen unter 29 °C auftritt, kann davon ausgegangen werden, daß sich niedrigere Temperaturen negativ auf die Entwicklung der Eier auswirken. Allerdings zeigen nicht alle Weibchen das thermoregulatorische Verhalten.

Die Naturbrut birgt gegenüber der künstlichen Inkubation einen weiteren Vorteil. Da die Brutphase von *M. viridis* meistens in die kältere Jahreszeit fällt, ist bei eventuell auftretendem längerem Stromausfall ein Abkühlen des Geleges und hiermit auch eine Schädigung der Embryonen im Inkubator zu befürchten. Bei einer Naturbrut hingegen kann das Weibchen, sofern es thermoreguliert, auch einen längeren Stromausfall durch dieses Verhalten ausgleichen.

Von ganz entscheidender Bedeutung für die Entwicklung der Eier ist die **Luftfeuchtigkeit**. Während der gesamten Brutphase wird sie bei 90 bis 100 % gehalten. Niedrigere Werte können sich negativ auf die Schlupfrate auswirken.

Es ist jedoch unbedingt darauf zu achten, daß die Eier nicht naß werden. Ebenfalls darf das Substrat nicht feucht sein.

ROSS & MARZEC (1994) berichten, daß beim Grünen Baumpython nekrotisierende Hautinfektionen auftreten, wenn die Weibchen ihre Eier in feuchter Umgebung bebrüten. Hier stellt der Grüne Baumpython eine Ausnahme gegenüber anderen Pythonarten dar, bei denen das Substrat und selbst die Eier längerfristig naß werden dürfen. Dies ist einer der Hauptgründe, warum die Nachzucht von *M. viridis* über einen langen Zeitraum kaum gelang.

Das Terrarium und der Brutkasten (von außen) werden mehrmals täglich (so oft wie erforderlich) eingesprüht. Durch den Umstand, daß der Brutkasten geschlossen ist, gelangt Feuchtigkeit nicht in Form von Wassertropfen, sondern nur über die gesättigte Luft an das

	Naturbrut	Inkubator
Temperatur ab Eiablage	29,5 bis 31,5 °C (der Mittelwert ist hierbei optimal)	31 °C +/- 0,5 °C
Luftfeuchtigkeit ab Eiablage	konstant 90 % - 100 % Substrat u. Eier trocken	konstant 90 % - 100 % Substrat u. Eier trocken

Tabelle 1. Klimaverhältnisse während der Brut in der Übersicht.

Gelege. Die unter dem Moos angebrachte Wasserschale trägt maßgeblich zur nötigen Luftfeuchtigkeit bei. Dieses Wasser muß aufgrund der hohen Temperaturen mindestens zweimal wöchentlich erneuert werden. Für den Fall, daß die Luftfeuchtigkeit kurzfristig absackt, kann der Innenraum des Brutkastens und hierbei auch das Weibchen selbst, allerdings nur geringfügig, eingesprüht werden. Dieses Wasser verdunstet relativ schnell und richtet keinen Schaden an. Sofern die erforderliche Luftfeuchtigkeit im Brutkasten durch intensives Sprühen im Terrarium konstant aufrecht erhalten werden kann, ist die Beheizung der Wasserschale unter dem Gelege nicht notwendig.

Ein **Trinkgefäß** wird unmittelbar vor dem Einstiegsloch am Brutkasten angebracht. Ein Trinkgefäß in dem Kasten zu plazieren ist nicht möglich. Ein Wasserwechsel, der alle zwei bis drei Tage erfolgen muß, wäre innerhalb des Brutkastens aufgrund der Aggressivität der Weibchen nicht zu realisieren.

Brutpflege des Weibchens

Da das Weibchen das Gelege vollständig mit ihrem Körper abdeckt, gelangt, falls Wasser im Brutkasten vernebelt wird, normalerweise kein Wasser an die Eier. Passiert es doch einmal, daß einige Tröpfchen durch die Körperschlingen an die Eier gelangen, erfolgt eine sofortige Reaktion des Weibchens. Es lockert die Körperschlingen, deckt die Eier zum Teil auf und sucht mit der Zunge nach diesen Tropfen auf dem Gelege. Diese werden dann durch Züngeln aufgenommen.

Dieses Verhalten könnte mit dem Bedürfnis interpretiert werden, daß dieses Tier seinen Durst stillen will. Das ist jedoch nicht der Fall, da es die auf seiner Haut vorhandenen Wassertropfen ignoriert.

Die Eier werden erst wieder zugedeckt nachdem jegliches Wasser von dem Weibchen aufgenommen wurde bzw. verdunstet ist. Deckt das Weibchen seine Eier kurzzeitig auf, sind besonders gegen Ende der Brutphase Rillen und Furchen auf der Eioberfläche zu erkennen. Unregelmäßigkeiten auf der Eioberfläche können allerdings schon während der ersten Wochen auftreten. Dies ist völlig normal und hat nichts mit der Lebensfähigkeit der Eier zu tun.

Unbefruchtete oder abgestorbene Eier wirken sich nicht negativ auf die Entwicklung des übrigen Geleges aus. Bei der Naturbrut sind sie ohnehin nicht vom Eiklumpen zu entfernen.

Während der Brutphase konnten wir beobachten, wie das Weibchen mit dem gesamten Gelege (ohne jedoch die Lage der Eier zu verändern) im Brutkasten seine Position veränderte. Es wechselte

Abb. 50 (oben links). Typische Brutstellung. Von dem Gelege ist nichts zu sehen.

Abb. 51 (oben rechts). Alle 2 bis 3 Tage kann das Weibchen und der Innenraum des Brutkastens besprüht werden.

Abb. 52 (unten). Während der Brutphase deckt das Weibchen die Eier kurzzeitig auf.

von der Mitte zu den verschiedenen Ecken hin und wieder zurück. Dieses Verhalten hängt eventuell mit geringfügigen Temperaturschwankungen innerhalb des Brutkastens zusammen.

6.7.2. Künstliche Inkubation

Es kommt vor, daß weibliche Baumpythons ihre Eier ablegen und das Gelege im Stich lassen. Teils werden die zur Verfügung gestellten Bruthöhlen nicht akzeptiert oder Eier werden an ungeeigneten Stellen des Terrariums abgesetzt und anschließend verlassen. In einigen Fällen ist es aufgrund von auftretenden Krankheiten oder schlechtem Allgemeinzustand des Weibchens ratsam, die Eier zu entfernen und künstlich zu bebrüten. In einem solchen Fall werden sie schnellstens in einen Inkubator überführt.

Die Entfernung der Eier eines brütenden Weibchens zum Zwecke der künstlichen Inkubation ist immer ein riskantes Unterfangen. Hierbei muß mit einem Schutzreflex des Weibchens gerechnet werden.

Bei dem Versuch, die Schlange von dem Gelege zu entfernen, ist es vorgekommen, daß der Eiklumpen nicht losgelassen, sondern fest zusammenpreßt wurde. Dadurch wurden die Eier derart beschädigt, daß sie nicht mehr zu retten waren. Hinzu kommt, daß die Weibchen ihr Gelege äußerst aggressiv verteidigen, so daß es bei einigen Exemplaren nahezu unmöglich ist, sie von dem Gelege zu trennen. Über dieses aggressive Verhalten während der Brut berichtet auch SWITAK (1973): Die Pythonmutter war dann so gefährlich wie nie und allein der Versuch, an sie heranzukommen, schien unmöglich.

Ist es gelungen, das Weibchen von seinem Gelege zu trennen, ist in einigen Fällen dennoch das artspezifische Brutverhalten zu beobachten. Obwohl das Weibchen auf einem Ast liegt und nicht mehr brütet, sind bis zu zwei Wochen, nachdem die Eier entfernt wurden, Muskelkontraktionen zu beobachten.

Auch suchen die weiblichen Pythons ihre Eier, indem sie den Eiablageplatz unablässig züngelnd prüfen. Um dem entgegenzuwirken ist es sinnvoll, das Terrarium vollständig auszuwaschen, um den Geruch des Geleges zu entfernen. Eventuell wird ein Umsetzen in ein anderes Terrarium erforderlich.

Bei der Überführung der Eier in den Inkubator sollte deren Lage nicht verändert werden, da ein Wenden der Eier zum Absterben der Embryonen führen kann. Eier, die zu einem Klumpen zusammenkleben, dürfen nicht gewaltsam getrennt werden. Abgestorbene Eier (zu erkennen an der grünlichen Verfärbung und der einsetzenden Verwesung) können entfernt werden. Es ist jedoch darauf zu achten, daß eventuell daran haftende gesunde Eier nicht beschädigt werden.

VERGNER (1994) berichtet, wie er Eier eines Weibchens, das aufgrund fehlender Eiablageplätze diese von einem Ast fallen ließ, zufällig auffing und 10 bis 15 Minuten in der Hand rollte. Bei zwei vorausgegangenen Eiablagen, die an fehlenden Brutmöglichkeiten scheiterten, konnte er einmal beobachten, wie das Weibchen - auf einem Ast liegend - ein Ei in eine Körperschlinge legte und es hin- und herwälzte, es dann jedoch fallen ließ. Aus diesem Umstand zog er den Schluß, daß dieses Wenden Voraussetzung für eine erfolgreiche Inkubation sei. Das Drehen der Eier kann jedoch unserer Ansicht nach damit erklärt werden, daß aufgrund fehlender Eiablageplätze das Weibchen versuchte, einen Teil der Eier auf dem Ast zu bebrüten. Bei solch einem Versuch, das Ei auf dem Ast zu halten, kam es dann zu diesen wälzenden Bewegungen. Aus 15 Eiern (eins unbefruchtet) schlüpften bei VERGNER (1994) 6 Jungtiere. Bislang ist nicht bekannt, ob ein Drehen der Eier unmittelbar nach der Eiablage nachteilhaft ist oder nicht. Bis hierzu gesicherte Erkenntnisse vorliegen, raten wir davon ab. Leichte Bewegungen zwecks Überführung in den Inkubator oder zu späteren Kontrollen sind dagegen nicht schädlich.

Abb. 53. Vor und nach der Eiablage ist das Weibchen im Brutkasten sehr aggressiv.

Der **Selbstbau eines Inkubators** erfordert einige grundsätzliche Überlegungen über dessen Funktion und Technik. Eine konstante Temperatur mit nur minimalen Schwankungen (+/- 0,5 °C) sowie eine ausreichend hohe Luftfeuchtigkeit müssen zuverlässig regelbar sein. Die Luftzirkulation im Inkubator, die mittels eines Miniventilators gesteuert werden kann, ist bei der Planung eines solchen Gerätes ebenfalls zu bedenken. Der abgebildete Inkubator (Abb. 54) ist ein funktionssicherer Eigenbau, dessen Konstruktion im folgenden beschrieben wird.

Der Inkubator besitzt die Maße 60 x 40 x 40 cm (L x B x H). Die Außenwände sowie der Boden bestehen aus 16 mm starken kunststoffbeschichteten Holzplatten. Die Decke bildet eine 6 mm starke Glasplatte. Die klappbare Fronttür besteht aus Acrylglas, in die eine kleine zusätzliche Klappe eingebaut wurde. Durch diese Klappe gelangt man mit der Hand ins Innere des Inkubators, ohne daß die gesamte Wärme verloren geht. Die Innenwände sowie der Boden sind mit Aluminium-beschichteten Wärmedämmplatten von 1 cm Stärke ausgekleidet. Die Stoßkanten der Platten wurden mit Silikon versiegelt.

Als Wärmeelement dient eine handelsübliche Heizmatte (30 Watt). Diese ist an einen Thermostaten angeschlossen, welcher an der seitlichen Außenwand befestigt ist. Der Temperaturfühler des Thermostaten wird durch eine kleine Bohrung in den Innenraum geführt, wo er in unmittelbarer Nähe der zu bebrütenden Eier plaziert wird. Zur Sicherheit empfiehlt es sich, zusätzlich ein Thermometer mit Fernfühler zu installieren.

Über der am Boden des Inkubators liegenden Heizmatte wird in einem Abstand von etwa 12 cm ein Lochblech als Zwischenboden eingebaut. Auf dieses Blech werden die Behälter (ohne Deckel) mit den Eiern gestellt. Als Substrat, in welches die Eier gebettet werden, empfehlen wir trockenes Moos (s. a. Kap. Naturbrut, S. 60ff).

Die erforderliche Luftfeuchtigkeit (90 bis 100 %) wird erreicht, indem ein flaches mit Wasser gefülltes Gefäß direkt auf die Heizmatte gestellt wird. Ein Hygrometer zur Überprüfung der Luftfeuchtigkeit im Inkubator darf nicht fehlen. Wie schon erwähnt, ist darauf zu achten, daß eine gewisse Luftzirkulation im Inneren des Inkubators stattfindet.

Ross & Marzec (1994) berichten von einem Gelege, das in einem abgeschlossenen Behälter ohne Luftzirkulation bebrütet wurde. Es schlüpfte kein einziges Tier. Ein Miniventilator mit einem Durchmesser von 4 cm wird oberhalb der Heizmatte installiert. Es ist ausreichend, den Ventilator nur in bestimmten Zeitintervallen in Betrieb zu setzen. Dazu koppelt man ihn an eine Zeitschaltuhr, die sechs bis acht mal innerhalb von 24 Stunden für jeweils 15 Minuten einschaltet. Will man diesem technischen Aufwand entgehen, so genügt es auch, die Fronttür des Inkubators oder den Deckel ein bis zwei mal am Tag zwecks Kontrolle des Geleges und somit auch zur Lüftung des Innenraumes zu öffnen.

Um unangenehme Überraschungen zu vermeiden, sollte der Inkubator vor Inbetriebnahme zur Funktionskontrolle mindestens eine Woche probelaufen.

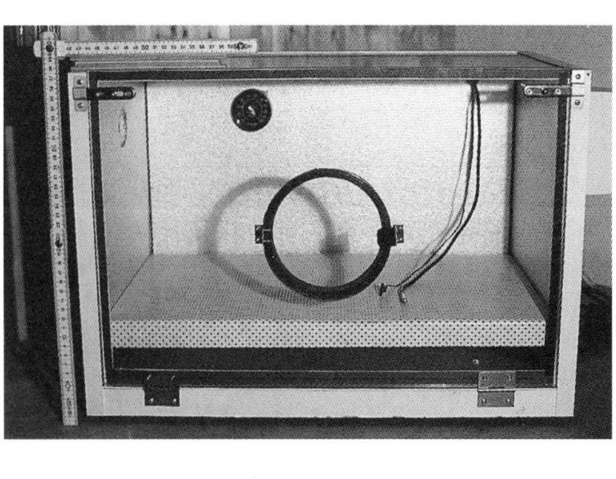

Abb. 54. Selbstgebauter Inkubator.

Abb. 55. Jungtier beim Schlupf.

Abb. 56 (rechts). Während die Jungen schlüpfen, bewacht das Weibchen weiterhin das Gelege.

Etwaige Probleme mit Temperatur und Luftfeuchtigkeit können in diesem Zeitraum behoben werden.

Der beschriebene Inkubator ist nur ein Beispiel, wie man ein solches Gerät selbst bauen kann. Auch andere Schlangenzüchter beschreiben Eigenkonstruktionen, mit denen sie eine erfolgreiche Kunstbrut betreiben, z.B. ROSS & MARZEC (1994). Reptilieninkubatoren aus dem Handel sind mit elektronischen Thermostaten ausgestattet, die eine genaue Temperatursteuerung gewährleisten. Ebenfalls läßt sich die erforderliche Luftfeuchtigkeit bei diesen Geräten problemlos aufrecht erhalten. Babyinkubatoren aus dem medizinischen Bereich sind ebenfalls geeignet, da sie eine hohe Regelgenauigkeit aufweisen. Auch Brutschränke, die in der Geflügelzucht verwendet werden, kommen zum Zweck der Inkubation von Schlangeneiern in Frage. Sie halten die Temperatur bis auf 0,3 °C konstant.

6.8. Der Schlupf

6.8.1. Inkubationsdauer

Die Inkubationsdauer kann bei Gelegen von *M. viridis* zwischen 48 und 67 variieren (SWITAK 1975, HOLLANDER 1982, HARTMAN & STEINER 1987, VERGNER 1989), liegt aber in der Regel bei 49 - 52 Tagen (WALSH 1977, OLEXA 1979, 1981, RICHTER 1981, PILLICH 1982, GETREUER 1983, ZULICH 1984, WALSH 1985, ROSS & MARZEC 1994). Unabhängig, ob die Naturbrut oder die künstliche Inkubation gewählt wurde, schlüpfen unsere Jungtiere regelmäßig nach 50 bis 52 Tagen.

6.8.2. Der Schlupfvorgang

Am Tag des Schlupfes versuchen die Jungtiere mit Hilfe ihres Eizahns die lederartige Schale aufzuschneiden. Zu diesem Zeitpunkt sind die Eier eingefallen und weisen Falten und Rillen auf. Bewegungen, die durch Befreiungsversuche in dem Eiklumpen entstehen, werden im Falle der Naturbrut vom Weibchen registriert. Hierauf lockert es die Umschlingungen und deckt das Gelege größtenteils auf, wobei der

Körper die Eier weiterhin umgrenzt. Von einem Tier wissen wir, daß es das Gelege zu diesem Zeitpunkt komplett verließ und sich direkt neben die Eier legte, um sie weiter zu bewachen HUFSCHMID (pers. Mitt. 1998).

Nachdem das erste Jungtier die Eischale angeschnitten hat, kann die Brutphase als beendet betrachtet werden. Da alle Eier zum gleichen Zeitpunkt gelegt wurden und alle den gleichen Brutbedingungen ausgesetzt waren, ist die Entwicklung der Jungtiere gleichmäßig weit fortgeschritten. Dies bedeutet jedoch nicht, daß alle Tiere zur selben Stunde ihre Eier anschneiden oder sie sogar komplett verlassen. Ein solches Gelege bietet meistens folgenden Anblick: Einige Neonaten haben mittels ihres Eizahns die Eier angeschnitten und die Köpfe aus dem Ei gestreckt. In manchen Eiern erkennt man Bewegung an der Schale, wogegen bei anderen noch keine Anzeichen des bevorstehenden Schlupfes zu erkennen sind. Zu diesem Zeitpunkt sind die meisten Weibchen noch nicht bereit, ihr Gelege zu verlassen.

Die Schale der Eier ist von zäher, lederartiger Beschaffenheit. Das Jungtier stößt von innen mit der Schnauzenspitze gegen die Eischale. Dann wird der Kopf von innen gegen die Schale gepreßt und mit dem rasiermesserscharfen Eizahn an der Innenwand vorbeigezogen. Hierdurch entsteht ein ganz glatter und sauberer Schnitt. Das Ei ist geöffnet. Das Ei wird mehrmals von dem Jungtier in Quer- sowie in Längsrichtung angeschnitten. Während dieser anstrengenden Prozedur ruhen sich die Tiere zwischen den einzelnen Schnitten immer wieder aus. Ist die Öffnung groß genug wird der Kopf herausgestreckt. Ab diesem Augenblick nehmen die Lungen ihre Funktion auf und der erste Atemzug wird getätigt. Der Eizahn hat seine Aufgabe erfüllt und ist nutzlos geworden. Er wird während der ersten Lebenstage abgestoßen (KÖHLER 1997).

Bei Störung ziehen einige Tiere ihren Kopf sofort wieder in die schützende Schale zurück. Bis die Schlangen das Ei endgültig verlassen haben, vergehen einige Stunden. Während dieser Zeit wird der restliche Inhalt des Dottersacks in die Leibeshöhle aufgenommen, wo er als erste Nahrungsreserve dient. Erst danach wird das Ei verlassen. Bei einigen Tieren ist noch ein Teil der Nabelschnur zu sehen. Diese trocknet ein und fällt beim Umherkriechen letztendlich ab.

Nachdem etwa die Hälfte der Schlangen ihre Eier teilweise oder ganz verlassen haben, wird das Weibchen von uns animiert, den Brutkasten zu verlassen.

Dies ist je nach Aggressivität des Tieres leichter gesagt als getan. Hier muß jeder Züchter selbst entscheiden, wie er vorgeht; das Gelege darf jedoch bei solchen Aktionen nicht gefährdet werden. Wir heben hierbei den Vorderteil des Weibchens mit einem Schlangenhaken an, eine Person greift die Schlange hinter dem Kopf, während eine zweite Person den Körper der Schlange vorsichtig von dem Gelege löst. Einige Weibchen verlassen allein durch Berührung mit dem Schlangenhaken ihr Gelege. Die Reaktionen der Tiere sind hier sehr individuell.

Danach wird der Brutkasten mit Gelege aus dem Terrarium entfernt. Nachdem die Schlupfbox mit den Eiern aus dem Terrarium entfernt wurde, ist das Weibchen oft noch einige Zeit erregt. Es kriecht züngelnd an dem Platz umher, wo der Brutkasten angebracht war.

Nachdem der Brutkasten mit dem Gelege aus dem Terrarium entfernt wurde, wird er an einem geeigneten Ort aufgestellt. Hier müssen natürlich weiterhin die richtigen Temperatur- und Luftfeuchtigkeitswerte herrschen. Geeignet ist hierfür z.B. ein leeres Terrarium, in dem sich keine weiteren Schlangen aufhalten. Diese Vorgehensweise bringt einige Vorteile mit sich. Zum einen ist die Brutphase abgeschlossen, das Weibchen wird von den Jungschlangen nicht mehr benötigt, zum anderen können auf diese Weise die frisch geschlüpften Schlangen problemlos herausgefangen und in geeignete Aufzuchtterrarien umgesetzt werden. In Anwesenheit des aggressiven Muttertiers ist dies mit erheblichen Schwierigkeiten verbunden.

Verbleibt der Brutkasten in dem Terrarium des Weibchens, welches in der Regel üppig bepflanzt ist, könnten sich hierin die winzigen Jungschlangen so verstecken, daß sie nicht sofort entdeckt werden. Ein Entweichen der Tiere aus den großen Terrarien ist ebenfalls nicht ausgeschlossen. Die Neugeborenen schaffen es, sich durch jeden noch so kleinen Spalt zu zwängen. Sind die Tiere aber wie beschrieben umgesetzt, ist eine ständige Aufsicht nicht zwingend notwendig.

Am darauffolgenden Tag bieten wir dem Weibchen erstmalig wieder Futter an. Als erste Mahlzeit nach der langen Futterpause sollten keine zu großen Futtertiere angeboten werden. Es ist sinnvoll, Mäuse oder kleinere Ratten zu verfüttern. Das Futter wird in der Regel sofort und gierig angenommen. Hiermit beginnt für das Weibchen wieder die regelmäßige Nahrungsaufnahme, wobei verbrauchte Fettreserven erneut aufgebaut werden. Eine Häutung erfolgt ca. 3 Wochen nach Verlassen des Geleges.

6.8.3. Manuelles Öffnen der Eier

Etwa 36 Stunden nach Anschneiden des ersten Eis sollten alle Schlangen komplett geschlüpft sein. Sind bis zu diesem Zeitpunkt noch einige Eier nicht angeschnitten und ist auch kein Lebenszeichen zu erkennen, empfehlen wir, manuelle Schlupfhilfe zu leisten.

Es kommt vor, daß sich einige Jungschlangen nicht in der richtigen Lage innerhalb des Eies befinden, um die Schale anzuschneiden. Andere voll entwickelte und gesunde Tiere sind zu schwach, um sich selbst zu befreien. Durch das manuelle Aufschneiden der Eier kann manches Tier gerettet werden, welches sich später genauso gut

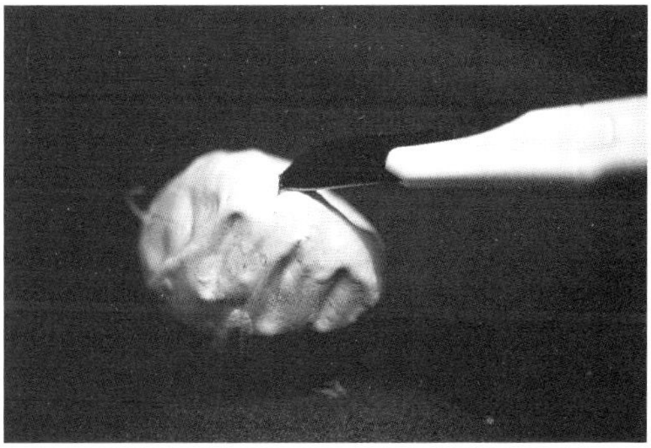

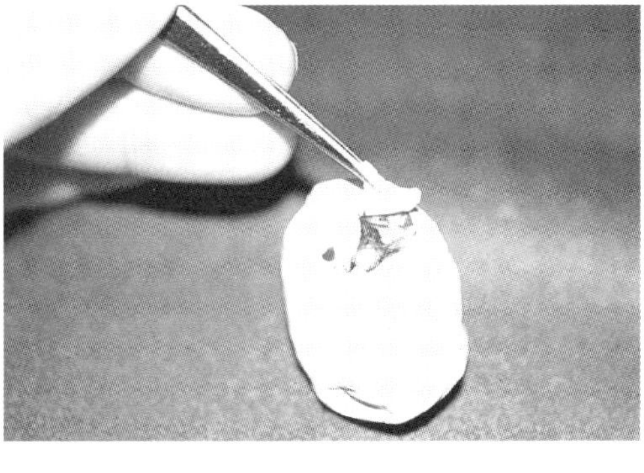

Abb. 57 und 58. Manuelles Öffnen der Eier. Das Ei wird vorsichtig angeschnitten, und der Schnitt wird zu einem "V" erweitert.

Abb. 59. Die Jungtiere schlüpfen normalerweise fast gleichzeitig.

entwickelt wie Tiere, die aus eigener Kraft geschlüpft sind. Die Schlangen können nach Überschreitung des Schlupfzeitpunkts nur noch eine begrenzte Zeit in dem Ei überleben. Danach tritt der Tod durch Ersticken oder Ertrinken ein. Durch das manuelle Öffnen der Eier lassen sich Verluste oft vermeiden.

Nur in ganz seltenen Fällen wird davon berichtet, daß einzelne Jungtiere bis zu fünf Tage später schlüpften als die Geschwister (VERGNER 1994).

Beim manuellen Aufschneiden wird folgendermaßen vorgegangen: Das Ei wird an einer hohlen Stelle, z.B. an einer vorhandenen Falte mit einem spitzen Skalpell angeschnitten. Der Schnitt wird hierbei nie zum Ei hin, sondern immer vom Ei weg ausgeführt. Ein plötzliches Abrutschen hätte schwere Verletzungen oder den Tod des Tieres zur Folge. Der Schnitt wird V-förmig ausgeführt. Mit einer Pinzette wird die entstehende Lasche nach oben geklappt. In der Regel läßt sich jetzt die Lage des Tieres (wo befindet sich der Kopf?) bestimmen. Indem die Lasche angehoben wird, läßt sich der Schnitt mit einer kleinen scharfen Schere oder dem Skalpell erweitern. Nach Möglichkeit wird dann ein Fenster ausgeschnitten. Es ist darauf zu achten, daß die transparente Eihaut, in der Blutgefäße verlaufen, vorsichtig von der Eischale mittels eines stumpfen Gegenstandes (Sonde) abgelöst wird. Größere Blutgefäße dürfen unter keinen Umständen zerschnitten werden. Ein Verbluten des Tieres wäre die Folge. Die Zerstörung kleinerer und kleinster Blutgefäße läßt sich dagegen nicht vermeiden.

Lebt das Tier, sind während dieses Vorganges normalerweise Lebenszeichen durch Bewegungen auszumachen. Danach wird das Junge mittels eines Gegenstandes berührt und dazu gebracht, daß es den Kopf aus dem Ei streckt. Hierfür sind Knopfsonden bestens geeignet. Bis das Tier das Ei verläßt, vergehen noch einige Stunden.

Eier, in die größere Fenster geschnitten wurden, müssen besprüht werden, um die Eihäute feucht zu halten und somit einer Austrocknung entgegenzuwirken. Es kommt vor, daß eine kleine Schlange ihr Ei zwar angeschnitten hat und herausschaut, aber selbst nach vielen Stunden keine Anzeichen macht, vollständig herauszukriechen. Nach ca. 24 bis 36 Stunden sollte dann ebenfalls mit Hilfe einer Knopfsonde die Schlange durch Berührungen zum Verlassen des Eis bewegt werden.

Bringt dies keinen Erfolg, kann das Tier ohne Gefahr aus dem Ei genommen werden, da der Dottersack inzwischen absorbiert wurde.

6.8.4. Aussehen der Jungtiere

Die Gesamtlänge der Neugeborenen kann zwischen 30 und 34 cm bei einem Gewicht von 7 - 16 g variieren (SWITAK 1975, WALSH 1977, OLEXA 1981, RICHTER 1981, VAN RIEL 1981, PILLICH 1982, VAN MIEROP et al. 1982, GETREUER 1983, WALSH 1985, VERGNER 1989, 1994, HORTENBACH 1995). Die Gesamtlänge unserer Neugeborenen betrug 32 bis 34 cm, bei einem Gewicht von 7 - 10 g. Die **Färbung** der Jungtiere ist sehr variabel. Es gibt Gelege, aus denen ausschließlich gelbe oder ausschließlich rot bis rotbraune Jungschlangen hervorgehen. Es können aber auch beide Farbvarianten aus einem einzigen Gelege stammen (SWITAK 1975, KIVIT 1992, KÜNZL 1998).

Abb. 60. Verschiedene Farbvarianten aus einem Gelege. Foto: H. Künzl

6.9. Aufzucht

6.9.1. Aufzuchtbedingungen

Nach dem Schlupf sind die Jungtiere mit einer Eiweißschicht bedeckt. Wird diese trocken, behindert sie die Tiere beim Umherkriechen. Aus diesem Grund besprühen wir unsere Neonaten in der ersten Zeit besonders intensiv. Nach der ersten Häutung verringert sich die Gefahr der Austrocknung.

Die Klimaverhältnisse in den Aufzuchtterrarien müssen selbstverständlich genauestens eingehalten werden. Überhitzung oder Unterkühlung des Terrariums sowie zu trockene oder zu feuchte Haltung haben fatale Folgen. Die **Luftfeuchtigkeit** darf während der ersten zwei bis drei Wochen (bis nach der ersten Häutung) nicht unter 75 % sinken, da in dieser Zeit die Gefahr der Austrocknung sehr hoch ist. Ebenfalls aus diesem Grund darf in den ersten drei Wochen die Lufttemperatur nicht über 30 °C steigen (optimal 28 - 30 °C). Die Nachttemperatur beträgt 23 - 25 °C. In ihrer nächtlichen Aktivitätsphase

Abb. 61. Frisch geschlüpfte Jungschlange mit Dottersack im Aufzuchtterrarium.

konnten wir besonders in den ersten Wochen häufig beobachten, daß die Tiere sich längere Zeit im Wassergefäß aufhielten, hieraus tranken und sogar darin schwammen und tauchten. Letzteres läßt sich nach einigen Wochen nicht mehr beobachten. Eventuell wollen die Tiere an sich haftende Eiweißreste loswerden, eine andere Theorie hierzu ist die Suche nach Nahrung. Sofort nach dem Schlupf zeigen die Neonaten die für den Grünen Baumpython typischen Verhaltensweisen. Bis zum 10. bis 14. Tag nach dem Schlupf kriechen sie Nacht für Nacht unermüdlich umher. Morgens finden wir sie dann in ihrer typischen Ruhestellung auf den Ästen. Nach dieser Zeit werden die nächtlichen Streifzüge eingestellt und die Tiere verharren Tag und Nacht bis zur Häutung in der gleichen Position.

Einzelhaltung der Neonaten

Unerläßlich ist eine Einzel- oder höchstens paarweise Haltung der Neonaten. Hierfür gibt es zwingende Gründe. Viele Jungschlangen sind nach dem Schlüpfen sehr aggressiv. Schon unmittelbar nach Verlassen des Geleges beißen sie wild nach allem, was sich bewegt. Bei dieser Gelegenheit sei gesagt, daß die Zähne der Jungtiere durchaus blutende Verletzungen verursachen können. Befinden sich mehrere Tiere im Terrarium, kommt es während der Fütterung oft zu heftigen Beißereien, wobei die Tiere in einem wirren Knäuel verschlungen sind und sich gegenseitig würgen. Hierdurch wurden schon unnötig Tiere verloren. HORTENBACH (1995) gibt an, daß er auf diese Weise drei Tiere verlor, die sich gegenseitig zu Tode würgten. SWITAK (1975) berichtet von Verletzungen und hält seine Grünen Baumpythons grundsätzlich einzeln. Einzelfälle von Kannibalismus können bei Jungtieren vorkommen, sind aber als Ausnahme anzusehen. JAGO (1994) berichtet von einem gelb gefärbten Jungtier, das ein anderes rotes aufgefressen hat. Am darauffolgenden Tag starb das gelbe Jungtier.

Auch wird die Kontrolle der Entwicklung bei Tieren in gemeinschaftlicher Haltung erheblich erschwert. Sollte es sich nicht vermeiden lassen, daß mehrere Exemplare (evtl. aus Platzmangel) zusammen gehalten werden, gibt es einen Trick, die Tiere zu unterscheiden. Hierzu wird die Kopfoberseite der einzelnen Tiere fotografiert oder abgemalt. Die Kopfzeichnung ist bei den Jungschlangen genauso unterschiedlich wie der Fingerabdruck beim Menschen.

Wichtige Daten zur Aufzucht der Schlangen sollten auf jeden Fall dokumentiert werden. Hierzu gehören folgende Punkte:

- Wann wurde gefüttert? (Datum)
- Was wurde gefüttert?
- Wieviel wurde gefüttert?
- Wurde selbständig gefressen?
- Mußte gestopft werden?
- Datum der Häutung
- Wann wurde Kot abgesetzt?

Für jedes Tier wird eine Liste angefertigt, in die die entsprechenden Daten eingetragen werden (s. Erfassungsbogen Aufzucht, S. 107).

6.9.2. Fütterung der Jungtiere

Nach dem Schlupf zehren die Jungtiere noch einige Zeit von den aufgenommenen Nährstoffen des Dottersacks. Aus diesem Grund nehmen sie in den ersten zwei bis drei Wochen bis nach ihrer Häutung keine weitere Nahrung auf (es gibt hier ganz seltene Ausnahmen). Wird ihnen trotzdem

Futter angeboten, erfolgen lediglich Abwehrbisse. Es ist daher sinnvoll, die Neonaten in dieser Zeit keinem Streß durch sinnlose Fütterungsversuche auszusetzen. Eine Eintrübung der Augen vor der Häutung ist beim Grünen Baumpython und so auch bei dessen Jungschlangen kaum zu bemerken. Bei Jungtieren ist lediglich ein leichtes Verblassen der Haut festzustellen (insbesondere bei gelben Jungtieren). Ein sicheres Erkennungszeichen für eine bevorstehende Häutung ist das Einstellen der nächtlichen Streifzüge. Kurz vor der Häutung sammeln sich nach dem Einsprühen keine Wassertropfen auf der Haut. Nach der Häutung bleiben die Wassertropfen dann wieder wie auf einer frisch polierten Fläche haften. In der Regel haben sich alle Tiere innerhalb von 21 - 30 Tagen nach dem Schlupf gehäutet.

Nachts suchen die Jungschlangen gerne das Wasserbecken auf. Sie liegen in den Becken mit aus dem Wasser erhobenem Kopf. Plötzlich, ohne daß sie erschreckt wurden, tauchen sie ab und es entsteht der Eindruck, als suchen sie den Grund und die Seitenwände des Wasserbeckens nach Nahrung, wie z.B. Fröschen oder Kaulquappen, ab. Dieses Verhalten gleicht der Nahrungssuche von Wassernattern. Einige dieser von uns beobachteten Tauchgänge zogen sich über 20 Sekunden hin. Dieses Verhalten könnte im Zusammenhang mit der natürlichen Nahrung (Amphibien) zusammenhängen (s. Kapitel 4.5. Ernährung, S. 21). Für Amphibien als bevorzugte Beute der Jungtiere spricht auch die Aussage eines Großhändlers in Holland, der kleine Baumpythons regelmäßig und ohne Probleme mit Fröschen und Froschteilen füttert und diese auch bereitwillig angenommen werden. Aus Artenschutzgründen verbietet sich jedoch die Verfütterung von Amphibien. Deshalb versuchen wir, die Neonaten direkt an Mäuse zu gewöhnen.

Haben die Jungtiere erst einmal gefressen, gestaltet sich die weitere Aufzucht unproblematisch. Ob die nestjungen Mäuse tot oder lebend angeboten werden, macht keinen Unterschied. Da die kleinen Mäuse besonders am Anfang oft gebissen und wieder fallengelassen werden, verwenden wir ausschließlich tote Mäuse. Nachdem alle Jungtiere mit den angebotenen Futtertieren durchgetestet wurden, lassen wir sie zwei bis drei Tage in Ruhe und versuchen dann erneut, alle freßunwilligen Tiere zu füttern. Meistens fressen dann noch weitere Exemplare selbständig.

Fütterungstechnik

Die Neonaten von *M. viridis* gehen in der Regel nicht selbständig an das angebotene Futtertier. Nun beginnt für den Pfleger der schwierigste und zeitaufwendigste Abschnitt der Aufzucht, wobei viel Geduld und Feingefühl notwendig ist.

- Mit den ersten Fütterungsversuchen beginnen wir am Tag nach der Häutung.
- Die Fütterung erfolgt abends, nachdem das Licht im Terrarium erloschen ist.
- Wir verwenden neugeborene Mäuse, die sofort nach der Geburt abgetötet werden.

Die Maus wird mittels einer längeren Pinzette (damit die Tiere die Wärme der Hand nicht spüren) der Länge nach gepackt, so daß der Kopf sich vor der Pinzettenspitze befindet (s. S. 75, Abb. 66, II). Das Tier wird nun mit der Maus angestoßen. Dies ist je nach Aggressivität der Schlange manchmal nur einmal, oft jedoch mehrfach nötig, bis nach der Maus gebissen wird.

Abb. 62. Eine getrennte Haltung der Neonaten ist anzuraten. Dieses Jungtier hat sich gleich zwei Mäuse gepackt, von denen die eine für seinen Artgenossen bestimmt war.

Wird das Futtertier gepackt, ist es von Vorteil, wenn sich der spitze Kopf der Maus schon möglichst weit im Maul der Schlange befindet. Dieser Reiz löst bei einigen Tieren den automatischen Schluckreflex aus, so daß die Maus verschlungen wird.

Wird die Maus so angeboten, daß das Jungtier sie an der Seite oder dem hinteren Teil erwischt und ein Drehen des Futtertieres zum Verschlingen nötig würde, wird die Beute mit Sicherheit bei den ersten Fütterungsversuchen wieder fallen gelassen. Auch bei allen weiteren Fütterungen ist es von Vorteil, die Beute so anzubieten, daß ein Drehen des Futtertieres zum Verschlingen nicht nötig ist.

Hat der Neonat die Maus gepackt und sie nicht sofort wieder losgelassen, ist von seiten des Pflegers Ruhe zu bewahren. Die Schlangen fühlen sich in diesem Moment durch die geringste Bewegung gestört, was unweigerlich zum Loslassen der Beute führt.

Bei jedem Wurf sind in der Regel einige wenige Kandidaten dabei, die selbständig und ohne Komplikationen fressen. Die meisten Nachzuchttiere lassen das angebotene Futtertier, nachdem es gebissen wurde, sofort wieder los. Wir bieten jedem der freßunlustigen Schlangen einige Male hintereinander eine kleine Maus an. Wird diese dann auch nach wiederholten Versuchen fallengelassen, gehen wir zum nächsten Jungtier über. Dabei wird notiert, welches Tier gefressen hat und welches nicht. Spätestens jetzt wird deutlich, daß eine Einzel- oder höchstens paarweise Haltung von enormem Wert ist.

Bei Jungtieren, die keine nackten Mäuse akzeptieren, führt in einigen Fällen ein Trick zum Erfolg. Hierbei bieten wir nackte Mäuse an, die mit Vogelfedern (hierfür sind am besten Flaumfedern geeignet) präpariert werden. Wir stecken den Mäusen einige dieser Federn in das Maul. In vielen Fällen zeigen Neonaten, die sich nicht für die Maus interessiert haben, durch aufgeregtes Züngeln an den Federn Interesse

Abb. 63. Mit Federn präparierte Maus.

Abb. 64. Jungschlange in typischer Ruhestellung. Foto: G. Hufschmid

Abb. 65. Zuckende Bewegungen des Schwanzes locken Beutetiere an.

und fressen selbständig. Andere Züchter erzielen mit dieser Methode auch gute Ergebnisse (HUFSCHMID pers. Mitt. 1998).

Mit den Flaumfedern einer Blaustirnamazone, die sich im Besitz einer der Autoren befindet, wurden - wie beschrieben - nestjunge Mäuse präpariert. Auf diese Art konnten einige freßunwillige Jungschlangen zum Fressen bewegt werden. Bei den folgenden Fütterungen versuchen wir es dann zuerst wieder ohne Federn. Bringt dies keinen Erfolg, wird die Maus wieder mit Federn präpariert. Nach einiger Zeit wird die Maus schließlich als Futtertier akzeptiert.

Im folgenden möchten wir eine Eigenart von *M. viridis* schildern, die wir verstärkt bei Neonaten, weniger bei semiadulten Tieren beobachten können und die sich mit zunehmendem Alter größtenteils verliert.

Sobald das Licht ausgegangen ist, vollführen die Schlangen mit ihrem Greifschwanz scheinbar unkontrollierte Bewegungen. Hierbei wird der Schwanz ruckartig in alle Richtungen bewegt. Wir bringen dieses Verhalten mit dem Anlocken von Beutetieren, wie z.B. Fröschen oder Eidechsen, die den

Schwanz für einen Wurm oder eine Raupe halten, in Verbindung. Dies wäre auch eine Erklärung dafür, daß die Schwanzbewegungen hauptsächlich bei jungen Schlangen auftreten und mit Wechseln des Beutespektrums auf warmblütige Tiere abnehmen.

Dies bestätigt auch JAMES (1978), der aufgrund seiner Studien das Beutelockverhalten mit der Dauer des ontogenetischen Farbwechsels in Zusammenhang bringt. Einige *Anolis carolinensis*, die in seinem Labor entlaufen waren, wurden dabei beobachtet, wie sie vor den Terrarien, in denen sich Jungtiere des Grünen Baumpythons befanden, auf und abliefen und auf die Schwanzlockbewegungen der Schlangen reagierten. Die Anolis versuchten, obwohl sie durch die Glasscheiben der Terrarien getrennt waren, die vermeintlichen "Würmer" zu schnappen (JAMES 1978).

Der "Ködertrick" macht auf junge Mäuse keinen Eindruck, aber kleine Anolis, die diesen "Wurm" fressen wollen, werden blitzschnell gepackt und von den jungen Schlangen verspeist. Auch in der freien Natur wurde beobachtet, daß junge Baumpythons kleine Echsen erbeuteten (SWITAK 1975).

Zwangsfütterung

Die Zwangsfütterung ist besonders bei Neonaten immer eine heikle Angelegenheit. Sie sollte nur als allerletzte Möglichkeit in Betracht gezogen werden, um die Tiere vor dem Hungertod zu bewahren.

Bei zu grober oder unachtsamer Vorgehensweise kommt es schnell zu Verletzungen. Immer wieder beobachten wir beim Anbieten des Futters individuelle Verhaltensweisen und entscheiden erst danach, ob eine Zwangsernährung nötig wird.

Einige Tiere des Geleges sind sehr aggressiv, beißen nach dem Futter und nach allem, was sich vor ihnen bewegt, lassen es dann aber sofort fallen. Dies sind in der Regel lediglich Abwehrbisse. Das Futter wird als solches nicht erkannt. Unseren Erfahrungen zufolge ist bei diesen Tieren ein längeres Abwarten und wiederholtes Anbieten des Futters wenig sinnvoll. Bei diesem Verhalten reicht allerdings oftmals einmaliges Stopfen aus, um sie ans Futter zu gewöhnen.

Andere Neonaten beißen, umschlingen und würgen die Beute, lassen sie dann aber wieder fallen. Das Loslassen der Beute wird manchmal durch Schließen der Terrarientür oder durch unachtsame Bewegungen des Pflegers ausgelöst. Andererseits scheint es, daß diese Schlangen einfach noch nicht hungrig genug sind. Hier lohnen sich mehrere Versuche in Abständen von zwei bis drei Tagen, was dann oftmals den gewünschten Erfolg bringt.

Bei den Schlangen, die selbst bei grober Störung nicht aggressiv reagieren und verschiedene Futtertiere ignorieren,ist eine Zwangsfütterung unerläßlich. Bei Fütterungsversuchen verstekken sie ihren Kopf zwischen den Körperschlingen oder versuchen zu flüchten. Sie müssen erfahrungsgemäß über einen längeren Zeitraum zwangsernährt werden. Glücklicherweise handelt es sich hierbei um eine Minderzahl der Neonaten.

Zum Stopfen werden unbedingt zwei Personen benötigt. Zuerst wird der Python aus dem Terrarium genommen. Hierbei ist darauf zu achten, daß er nicht vom Ast gerissen wird. Er wird durch Berührungen animiert, von selbst den Schwanz zu lösen. Hierdurch werden Verletzungen (Dislokation der Schwanzwirbel) vermieden. Danach

Zwangsfütterung

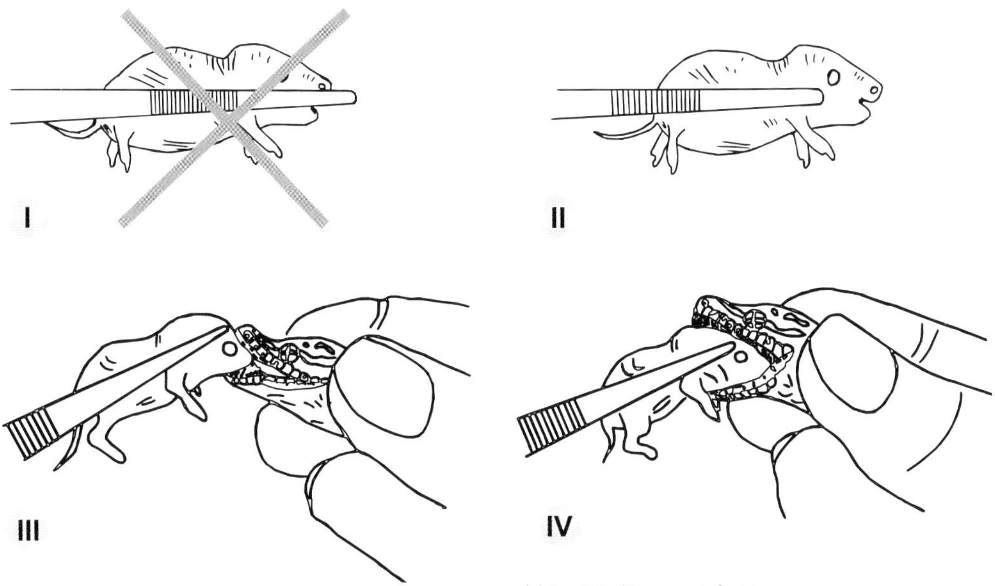

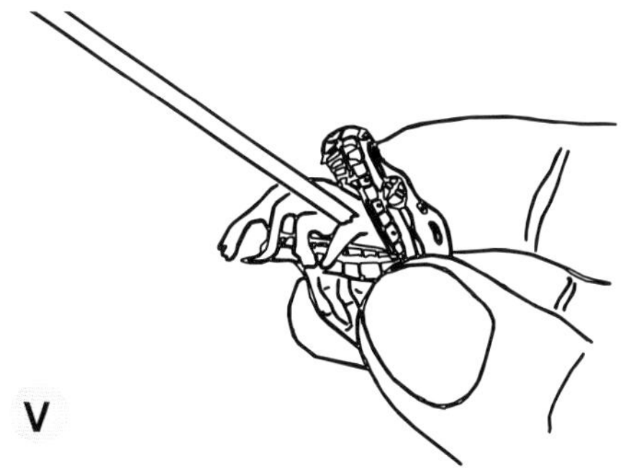

Abb. 66. Zwangsfütterung.

- I **Falsch: So darf die Maus nicht mit der Pinzette gegriffen werden.**
- II **Richtig: Maus mit Pinzette.**
- III **Die Jungschlange wird mit der Maus animiert, das Maul zu öffnen.**
- IV **Die Maus wird so weit wie möglich vorsichtig in den Schlund der Schlange geschoben.**
- V **Mit einem Holzstäbchen wird die Maus vorsichtig weiter in die Speiseröhre geschoben.**

wird er auf eine Unterlage (Handtuch) gelegt. Eine Person hält die Schlange hinter dem Kopf fest und stabilisiert gleichzeitig mit der anderen Hand den Rest des Körpers. Die zweite Person nimmt mit einer Pinzette eine tote Maus, welche mit warmem Wasser oder Eiweiß gleitfähig gemacht wurde. Um Verletzungen auszuschließen, ist unbedingt darauf zu achten, daß sich die Spitze der Pinzette hinter dem Kopf der Maus befindet und nicht darüber hinausragt (Abb. I u. II). Nun wird die Schnauzenspitze der Schlange mit der der Maus berührt. Im günstigsten Fall öffnet die Schlange ihr Maul und wir stecken die Maus so tief wie es geht in den Schlund (Abb. IV). Wenn die Maus ca. 1/3 in der Speiseröhre steckt, benutzen wir einen stumpfen dünnen Gegenstand, in unserem Fall ein Rundholz, ca. 2 mm stark, und schieben hiermit die Maus weiter in die Speiseröhre, bis sie komplett verschwunden ist (Abb. V). Die Maus darf allerdings nicht mit dem Holzstäbchen durchstoßen werden, um die empfindliche Speiseröhre des Jungtieres nicht zu verletzen. Danach wird das Futtertier, falls nötig, vorsichtig noch ein Stück in Richtung Magen massiert. Die meisten der gestopften Kandidaten versuchen, die Maus wieder auszuwürgen. Um dies zu vermeiden, hilft es, die Schlange mit Wasser zu besprühen und sie zusätzlich durch Berührung am Schwanzbereich zum Vorwärtskriechen zu animieren.

Durch die Fluchtversuche setzen dann die automatischen Schlingbewegungen ein, und die Schlange kann ins Terrarium zurückgesetzt werden. Nach einigen Malen bekommt man ein Geschick für diese Prozedur. Daß die Handgriffe nicht mit Gewalt und nur mit größter Konzentration und Vorsicht ausgeführt werden dürfen, versteht sich von selbst.

Besonders bei den ersten Zwangsfütterungen ist darauf zu achten, daß nur allerkleinste Mäuse oder Mäuseteile hierfür verwendet werden. Wir füttern bei jeder Zwangsfütterung jeweils nur eine Maus. Dies geschieht im Abstand von jeweils einer Woche.

Abb. 67. Die Neonaten sind zum Teil äußerst aggressiv.

Abb. 68. Nach ca. 6 Monaten können die kleinen Schlangen problemlos mit behaarten Jungmäusen gefüttert werden. Foto: H. Künzl

Abb. 69. Kopfportrait eines Jungtieres von *M. viridis*. Foto: I. Vergner

Vor jeder Zwangsfütterung probieren wir jedoch vorher, ob die Maus (mit und ohne Federn) nicht selbständig angenommen wird .

Beim Zwangsfüttern zeichnen sich verschiedene Verhaltensmuster der einzelnen Jungtiere ab:

- Einige Schlangen öffnen bereitwillig das Maul und lassen sich relativ problemlos stopfen.
- Manche Schlangen öffnen nicht selbständig das Maul. Es muß vom Pfleger mittels eines kleinen Holzspatels geöffnet werden. Das Stopfen geschieht ebenfalls weitgehend problemlos.
- Die schwierigsten Kandidaten sperren freiwillig ihr Maul auf, beißen aber, sobald sie die Maus im Maul haben, mit aller Gewalt zu. Ein weiteres Hineinschieben, Herausziehen des Futtertieres sowie das Öffnen des Mauls ist nicht mehr möglich. Werden diese Schlangen so ins Terrarium zurückgesetzt, lassen sie das Futtertier wieder fallen. Nach wiederholten Versuchen lassen sich auch diese Schlangen letztendlich stopfen. Hier hilft nur Geduld, die bei uns immer zum gewünschten Erfolg geführt hat.

Einen extremen Fall wollen wir an dieser Stelle schildern. Eine Jungschlange lehnte jedes angebotene Futtertier ab. Egal, wie tief die Nahrung in die Speiseröhre geschoben wurde, sogar wenn sie vorsichtig bis in den Magen massiert wurde, versuchte sie, das Futter immer wieder auszuwürgen.

Symptome einer Krankheit lagen nicht vor. Im Gegenteil, die Schlange war sogar äußerst aggressiv und biß immer wieder nach den vorgehaltenen Futtertieren, ohne sie jedoch zu umschlingen. Bis das Futter nicht mehr ausgewürgt wurde, dauerte es meistens bis zu 10 Minuten, wobei es immer wieder zum Magen zurückmassiert werden mußte. Wir wollten jedoch nicht aufgeben und stopften jede Woche eine nackte Maus. Dieser Zustand dauerte 5 Monate an und wir verloren schon die Hoffnung, da die Schlange mit ihrem Körpergewicht weit hinter ihren Geschwistern zurükklag.
Die Prozedur des Stopfens wurde mit zunehmendem Alter immer schwieriger, einige Male verfiel der junge Baumpython nach dem Verabreichen der Maus in einen todesähnlichen Zustand, ähnlich wie es bei einigen Natternarten als Schutzmechanismus in einer Gefahrensituation bekannt ist. Nach etwa einem halben Jahr fraß das Jungtier plötzlich und ohne erkennbaren Grund drei nackte Mäuse hintereinander. Von da an bereitete die weitere Aufzucht keine Schwierigkeiten.

Eine einfachere Methode zum Stopfen von Neonaten ist die in Amerika entwickelte **Pinky Pump**. Dieses Gerät sieht aus wie eine große Spritze mit einer dicken Kanüle, in der eine Maus plaziert wird. Diese Kanüle wird durch den Schlund bis in den Magen vorgeschoben, wo die Maus dann durch Druck plaziert wird. Durch diese Methode lassen sich auch mehrere Mäuse hintereinander verabreichen. Wir praktizieren diese Methode nicht, da die Schlange weder mit dem Geruch noch dem Geschmack des Futtertieres in Berührung kommt. Die spätere Erkennung der Beute durch diese Sinneswahrnehmung ist somit nicht oder nur schlecht gegeben. Das selbständige Fressen kann sich dadurch erheblich verzögern.

Des öfteren wird von einer anderen, angeblich schonenderen Methode als dem Stopfen berichtet, mit der die Schlangen zur Futteraufnahme gebracht werden sollen. Hierbei wird der Neonat aus dem Terrarium genommen und ihm dann eine Maus in das Maul gesteckt. Diese wird dann leicht wieder nach vorne gegen die nach hinten geneigten Zähne gezogen. Dies bewirkt, daß sich die Maus in den spitzen Zähnen (insbesondere in den vorderen längeren Fangzähnen) verhakt. Danach wird die Schlange in ihr Terrarium zurückgesetzt und soll, wenn sie sich wieder beruhigt hat und die Maus nicht abstreifen konnte, diese verschlingen (HORTENBACH, 1995). Diese Methode führte bei unseren Versuchen zu keinem befriedigenden Ergebnis. Die Neonaten versuchten, nachdem sie losgelassen wurden, mit aller Gewalt das verabreichte Futtertier loszuwerden. Dies geschieht in Form von Maulaufreißen und Abstreifversuchen an allen möglichen Einrichtungsgegenständen des Terrariums. Letztendlich gelingt es ihnen auch in fast allen Fällen, die Maus wieder loszuwerden. Der Streß und die Verletzungsgefahr, die hierbei entstehen, sind mit dem des Stopfens gleichzusetzen, wenn nicht noch höher, wobei das Ergebnis nicht überzeugend ist.

Erfahrungsgemäß fressen von einem Wurf ca. 20 % der Schlangen von Anfang an selbständig. Ca. 60 % fressen nach ein- oder mehrmaligen Stopfen bis zur zweiten Häutung selbständig. Der Rest frißt in der Regel, nachdem die zweite Häutung erfolgte, wobei mehrmaliges Stopfen notwendig ist. Ganz hartnäckige Kandidaten, die nicht fressen wollen, müssen so lange gestopft werden, bis sie selbständig ans Futter gehen.

Fütterungsabstände

Der Stoffwechsel bei Neonaten ist höher als bei semiadulten oder adulten Tieren. Dies liegt zum Teil an den Futtertieren. Nestjunge Mäuse haben kein Fell und einen entsprechend schwachen Knochenbau. Die starke Magensäure zersetzt dieses Futter sehr schnell. Bis zum Alter von fünf Monaten kann man sagen, daß ein bis zwei nestjunge Mäuse pro Fütterung und Woche (die Größe der Futtertiere richtet sich nach dem Wachstum der Schlange) ausreichend sind.

Der Verdauungsvorgang ist in dieser Zeit nach ca. drei bis fünf Tagen abgeschlossen. Innerhalb einer Woche wird Kot abgesetzt (bei 31 °C tagsüber und 23 °C nachts). Der Kot ist bei einer gesunden Schlange ab ca. 6 Monaten von fester Konsistenz und zeigt keine übermäßige Geruchsbildung. Bei Grünen Baumpythons bis zu diesem Alter konnten wir feststellen, daß der Kot von einer breiartigen Konsistenz und teilweise übelriechend ist. Eine Erklärung sehen wir darin, daß die kleinen Mäuse einen großen Wasseranteil enthalten. Zusätzlich können wir beobachten, daß die Jungtiere im Vergleich zu semi- sowie adulten Pythons verhältnismäßig viel trinken. Auf diese Kombination führen wir diese breiartigen Ausscheidungen zurück. Dies ist als völlig normal anzusehen und bedarf keiner medikamentösen Behandlung.

In den ersten sechs Monaten konnten wir zudem feststellen, daß die Pythons in der Häutungsphase keine Futterpausen einlegen, sondern weiterhin Futter annehmen. Dies ändert sich bei fast jedem Grünen Baumpython mit zunehmendem Alter bzw. zunehmendem Gewicht. Werden die Tiere älter, haben sie entsprechend Fettreserven aufgebaut, so daß sie in einer naturbedingten Futterpause (Häutung) hiervon zehren können. Diese Fettreserven stehen Neonaten noch nicht zur Verfügung. Daher wird noch jedes zu erbeutende Futtertier angenommen. Nach ca. 6 Monaten können die kleinen Schlangen mit behaarten Jungmäusen (Springer) gefüttert werden. Die weitere Aufzucht ist problemlos und erfolgt mit an der Größe der Schlange orientierten Futtertieren, wie z.B. Mäuse, Ratten und Küken.

Mit zunehmendem Wachstum können wir feststellen, daß sich der Stoffwechsel verlangsamt und Kot nur noch alle ein bis zwei Wochen abgesetzt wird. Steht eine Häutung bevor, wird der Kot erst unmittelbar nach der Häutung abgesetzt. Ein Abkoten kann sich daher über mehrere Wochen hinziehen. Dementsprechend verlängern sich auch die Fütterungsabstände. Gefüttert wird in der Regel erst nach Absetzen des Kotes.

Abb. 70 (oben links). Rotes Jungtier in der Umfärbung. Foto: H. Künzl

Abb. 71 (oben rechts). Verschiedene Phasen der Umfärbung bei gelben Geschwistertieren. Foto: I. Vergner

Abb. 72 (unten). Einjähriges und zwei Monate altes, noch gelbes Tier.

6.9.3. Wachstum und Farbwechsel

Die Wachstumsdaten in der folgenden Tabelle sind von uns ermittelte Durchschnittswerte und können aufgrund verschiedener Herkunftsgebiete sowie unterschiedlicher Futtermengen nach oben oder unten variieren. Der große Gewichtszuwachs in der Zeit von 1 1/2 bis 2 Jahre hängt möglichweise mit der Futterumstellung von Mäusen auf Ratten zusammen.

Alter	Gewicht in Gramm	Gesamtlänge in cm
Schlüpfling	7 - 10	32 - 34
2 Monate	15 - 18	38 - 40
6 Monate	30 - 35	50 - 60
1 Jahr	90 - 100	75 - 80
1 1/2 Jahre	140 - 170	90 - 95
2 Jahre	300 - 400	110 - 115
2 1/2 Jahre	500 - 600	120 - 125
3 Jahre	800 - 1000	130 - 140

Tabelle 2. Wachstumsdaten.

Häutungen erfolgen bis zum 6. Monat regelmäßig ca. alle 6 - 8 Wochen, danach alle 8 - 10 Wochen. Nach ca. 2 Jahren macht sich ein Größen- und Gewichtsunterschied zwischen Männchen und Weibchen bemerkbar.

Der ontogenetische Farbwechsel setzt bei den meisten Exemplaren mit 6 bis 8 Monaten ein. Der Zeitpunkt, an dem die Umfärbung beginnt und ebenfalls die eigentliche Dauer des Farbwechsels sind sehr unterschiedlich. VERGNER (1994) berichtet, daß sich die Umwandlung innerhalb von 15 bis 27 Tagen vollzog. SWITAK (1975) fütterte zwei kleine Baumpythons besonders intensiv und stellte fest, daß diese sich als erstes umfärbten. Er schließt daraus, daß der Farbwechsel mit der Menge des Nahrungsangebots in den ersten 12 Monaten zusammenhängt.

Dies ist jedoch unserer Ansicht und Erfahrung nach eine Fehleinschätzung. Wenn das Nahrungsangebot hierbei eine entscheidende Rolle spielen würde, müßten sich alle gleichmäßig gefütterten Jungtiere zur selben Zeit umfärben. Dies ist aber keineswegs der Fall. Wir können von Exemplaren berichten, die sich bei gleichem Nahrungsangebot bis zu einem Jahr Differenz voneinander umfärbten. Ebenfalls färbten sich Tiere, die längere Zeit gestopft werden mußten und dadurch kleiner waren als ihre Geschwister, gleichzeitig und teilweise sogar früher um. Ein Exemplar, das selbst nach 10 Monaten noch keine Nahrung annimmt und dadurch nur etwa halb so groß ist wie seine Geschwister, färbte sich zeitgleich mit diesen um (HUFSCHMID pers. Mitt. 1998).

Wir schließen aus diesen Beobachtungen, daß es keinen besonderen Grund für den Farbwechsel geben muß, sondern daß es sich um einen Vorgang handelt, der von Tier zu Tier individuell verschieden ist. SWITAK (1975) bringt den Farbwechsel grundsätzlich mit einer Häutung in Verbindung: "Gelb oder rot vor der Häutung, grün hinterher". Dies kann nicht verallgemeinert werden. Bei einem Exemplar aus unseren Beständen vollzog sich die Umfärbung nach einer zweijährig währenden Gelbphase, innerhalb einer Woche außerhalb der Häutungszeit. Auch bei Exemplaren, die sich langsam innerhalb einiger Monate umfärben, nimmt der Grünanteil auch außerhalb der Häutung zu. In den meisten Fällen ist der Farbwechsel nach ca. 12 bis 15 Monaten abgeschlossen.

7. Erkrankungen

Da wir aufgrund unserer langjährigen Beschäftigung mit Grünen Baumpythons auch Erfahrungen mit erkrankten Tieren machen mußten, möchten wir in diesem Kapitel auf die Erkrankungen eingehen, die bei diesen Schlangen häufiger auftreten, bzw. mit denen alle Besitzer von *M. viridis* früher oder später konfrontiert werden können. Oftmals sind Krankheiten auf Fehler bei der Haltung zurückzuführen, die einfach zu vermeiden gewesen wären.

Neben unseren eigenen Erfahrungen sind vor allem auch die Kenntnisse von Herrn Dr. med. vet. KAI OPIELA (Refrath) in dieses Kapitel eingeflossen sowie folgende Bücher zum Thema Reptilienkrankheiten: FRYE (1973), MARCUS (1983), ISENBÜGEL & FRANK (1985), HACKBARTH (1985), JAROFKE & LANGE (1993) und KÖHLER (1996).

Ganz entschieden müssen wir vor einer eigenständigen Behandlung der Tiere warnen. Zu komplex sind die Erkrankungen, so daß aus den Symptomen nicht immer die richtigen Schlüsse gezogen werden können. Einer Behandlung mit Medikamenten müssen immer Untersuchungen, wie z.B. Speichelproben, Bluttests, Kotproben und Resistenztests vorausgehen. Die anschließende Therapie ist mit einem reptilienkundigen Tierarzt durchzusprechen. Zusätzlich und unterstützend zur medikamentösen Behandlung ist es unerläßlich, die Haltungsbedingungen selbstkritisch zu überprüfen und vorhandene Mängel zu beseitigen. Nur dadurch wird eine Behandlung sinnvoll und garantiert auf Dauer gesunde Tiere.

Erfreulicherweise beschäftigen sich immer mehr Tierärzte mit der Problematik von Reptilienkrankheiten. Der überwiegende Teil der Veterinärmediziner ist allerdings nach wie vor mit diesem Spezialgebiet überfordert. Insbesondere in ländlichen Bezirken sind reptilienkundliche Tierärzte so gut wie nicht vorhanden. Daher sind Grundkenntnisse und eine genaue Beobachtungsgabe des Terrarianers von Vorteil, um gemeinsam mit den Tierärzten eine erfolgreiche Behandlung durchzuführen.

7.1. Medikamentenüberdosierung

Speziell für Reptilienkrankheiten entwickelte Medikamente sind praktisch nicht vorhanden. Die Präparate werden aus der Human- oder Veterinärmedizin übernommen. Oftmals bereitet es große Schwierigkeiten, die richtige Dosierung zu bestimmen und vor allem auch entsprechend abzumessen.

Bei einer Tablette, die laut Beipackzettel für 10 kg Körpergewicht ausgelegt ist, ist es schwierig, die Dosierung für eine z.B. 300 g schwere Schlange abzumessen. Über- oder Unterdosierungen sind die häufige Folge, wobei Unterdosierungen hierbei noch das kleinere Übel darstellen. Wird eine Überdosierung verabreicht kann eine Medikamentenvergiftung eintreten. Diese äußert sich z. B. in Krämpfen oder, wie wir es beim Grünen Baumpython beobachtet haben, an lang ausgestreckten Körpern, die schlaff in den Ästen und von diesen herunterhingen. Hier wird sofortiges Eingreifen nötig.

Aktivkohle, aufgelöst in Boviserin und über eine Magensonde verabreicht, wirkt medikamentenneutralisierend. Zusätzlich erhält die Schlange Isotone Kochsalzlösung (0,9 % Natriumchlorid) 10 bis 20 ml pro kg KG p. o. (oral).

7.2. Parasitosen

7.2.1. Außenparasiten

Außenparasiten sind meist nur ein Problem bei importierten Schlangen oder solchen, die aus dem Handel kommen. Hier finden sich verschiedene Zeckenarten und blutsaugende Milben, wie z. B. die weit verbreitete Schlangenmilbe, die nicht wirtspezifisch ist.

Milben

Milbenbefall darf entgegen der Aussage einiger Händler nicht als harmlos angesehen werden. Die Bekämpfung gestaltet sich oft recht schwierig. Das heimtückische bei einem Milbenbefall ist, daß sich von den Parasiten nur eine begrenzte Anzahl auf den Tieren selbst aufhält. Der größte Teil ist in der Terrarieneinrichtung zu suchen.

Da die Milben meist unter den Schuppen sitzen, ist es nötig, die Schuppen gegen den Strich zu betrachten. Leicht hochstehende Schuppen sind genauer zu untersuchen. Darunter sind bei Milbenbefall weniger als 1 mm kleine krabbelnde schwarze Punkte auszumachen. Bevorzugt befallene Stellen sind auch die Bereiche der Augen. Kleine weiße Punkte auf der Haut deuten auf Milbenkot hin. Bei einem Massenbefall schädigen die Milben den Wirt durch Entzug von Blut und Nährstoffen. Zusätzlich kann ein Befall zu Infektionen mit Bakterien und Pilzen führen. Bei starkem Milbenbefall kommt es zur Futterverweigerung. Um sich von den Plagegeistern zu befreien und sich Erleichterung zu verschaffen, legen sich einige Baumpythons in den Wasserbehälter. Dieses Verhalten ist sonst beim Grünen Baumpython nie zu beobachten.

Angewandt wird seit langer Zeit zur Bekämpfung der Milben das Präparat Neguvon (Wirkstoff Trichlorphon). Hierbei wird ein Leinensack mit einer 0,15%igen bis 0,2%igen Lösung eingesprüht. Um die Milben wirksam zu bekämpfen, muß nach eigenen Erfahrungen auch die Schlange selbst mittels einer Blumenspritze besprüht werden. Die Schlange verbleibt dann ca. 2 - 3 Stunden in dem Leinensack. Vorsorglich müssen alle Einrichtungsgegenstände so weit wie möglich entfernt und durch neue ersetzt werden. Das Terrarium wird mit einer stärkeren (2%igen) Neguvon-Lösung eingesprüht. Neguvon ist chemisch instabil und zerfällt schnell. Seine Wirksamkeit ist für kurze Zeit sehr effektiv, fällt dann aber rapide ab. Das Mittel hat keine Langzeitwirkung.

Aus diesem Grund erfolgt eine zweite Behandlung nach ca. 2 bis 3 Tagen, um überlebende Milben bzw. schlüpfende Larven aus noch vorhandenen Eiern abzutöten. Eine dritte Behandlung ist eventuell erforderlich. Da das Präparat lediglich die Milben, nicht aber deren Eier schädigt und diese ca. 3 bis 5 Tage brauchen, um zu schlüpfen, wird erst nach ca. einer Woche erkennbar, ob die Behandlung erfolgreich war.

Um eine Ausbreitung der Parasiten auf den übrigen Bestand zu vermeiden, werden die Schlangen bis zur kompletten Abtötung der Milben in einem Quarantäneterrarium untergebracht. Sind die Milben nach dem angegebenen Behandlungszeitraum nicht verschwunden, was leider mit der empfohlenen Dosierung bei starkem Befall oft der Fall ist, steht der Halter vor einem echten Problem. Die Milben müssen bekämpft werden, ansonsten stirbt die Schlange. Das bedeutet aber, die Dosierung zu erhöhen, wobei die Gefahr einer Vergiftung besteht.

Bei Überdosierung kommt es zu Vergiftungserscheinungen in Form von Krämpfen, Koordinationsstörungen und Schaum vor dem Maul. Eine genaue

Beobachtung der Tiere nach der Behandlung ist nötig. Bei Vergiftungserscheinungen wird die Gabe von 0,04 mg pro kg/KG Atropin-Sulfat empfohlen (KÖHLER 1996).

Insektenstrips, die auch zur Bekämpfung von Milben eingesetzt werden, sind bei den Haltungsansprüchen des Grünen Baumpythons nicht oder nur bedingt tauglich. Die Dosierung richtet sich nach der vorherrschenden Temperatur, der Luftfeuchtigkeit und der Belüftung. Als Richtgröße werden pro m^3 des Terrariums 2,1 cm Baygon-Insektenstrips empfohlen (PHILLIPS 1986). Damit die Tiere nicht direkt mit dem Strip (durch Züngeln) in Berührung kommen wird er am besten in einem Tee-Ei untergebracht. Der in Baygon enthaltene Wirkstoff Dichlorvos ist schwerer als Luft und muß, um eine optimale Ausbreitung zu erreichen, im oberen Bereich des Terrariums angebracht werden. Wichtig ist es, vor der Anwendung sämtliche Einrichtungsgegenstände und das Bodensubstrat zu entfernen, um den Parasiten keine Rückzugsmöglichkeit zu bieten.

Da der Grüne Baumpython eine hohe Luftfeuchtigkeit benötigt und auch selbst angesprüht wird, würde sich der Wirkstoff unter Umständen in den Wassertropfen, welche sich auf der Schlange ansammeln, in höherer Konzentration ablagern. Bei Aufnahme des Wassers besteht Vergiftungsgefahr.

Weil der Wirkstoff lediglich die Milben und nicht die Eier abtötet, ist eine Anwendungsdauer von mindestens einer Woche notwendig. Nach einer Woche Pause wird die Behandlung erneut durchgeführt. Um einen guten Wirkungsgrad zu erreichen, muß während der Anwendung die Luftfeuchtigkeit auf ein Minimum gesenkt werden, was bei den Haltungsansprüchen von *M. viridis* jedoch bedenklich erscheint.

Überdosierungen von Dichlorvos äußern sich in Zuckungen und Koordinationsstörungen der Tiere. Befinden sich Insekten, wie Spinnen, Heimchen, Heuschrecken oder Skorpione im selben Raum, dürfen solche Strips nicht verwendet werden, da das Insektizid sich nach kurzer Zeit im gesamten Raum verteilt.

Ein neueres Präparat mit der Bezeichnung KADOX (Wirkstoff Chlorpyrifos + Fenoxycarb) wird ebenfalls zur Bekämpfung von Milben eingesetzt. Der Wirkstoff ist in winzigen Mikrokapseln enthalten und wird langsam freigegeben. Hierdurch entsteht eine Langzeitwirkung, die das Mittel sehr effektiv bei der Bekämpfung von Milben macht. Mittels einer Pumpsprühflasche wird das Medikament auf die Tiere gesprüht. Das Terrarium wird ebenfalls eingesprüht. Während der Behandlung verbleiben die Schlangen im Terrarium.

Bei der Anwendung dieses Präparats ist darauf zu achten, daß die Temperatur im Terrarium keinesfalls 30 ° C überschreitet. Durch Wärme brechen die Kapseln auf , es besteht die Gefahr einer akuten Intoxikation.

HACKBARTH (1985) empfiehlt die Behandlung mit Bolfo-Spray oder Bolfo-Puder. Vergiftungserscheinungen sind hierbei ebenfalls nicht auszuschließen.

Zecken

Zecken kommen häufig bei frisch importierten Schlangen vor. Sie sind in der Regel problemloser zu entfernen als Milben, sofern es sich nicht um einen Massenbefall handelt, der lediglich durch eine Chemotherapie in den Griff zu bekommen ist. Nachdem die Zecken mit Alkohol betupft wurden, werden sie mit Hilfe einer Pinzette oder Zeckenzange - erhältlich in Apotheken - durch Drehen und gleichzeitigem leichten Zug entfernt. Zur Desinfektion der Stellen verwenden wir eine gebundene Jodlösung, z. B. Betaisodona.

7.2.2. Innenparasiten

Durch Parasiten hervorgerufene Erkrankungen äußern sich in ihrer Symptomatik meist sehr unspezifisch. Eine gezielte Behandlung nur aufgrund des Krankheitsbildes ist daher nicht möglich. Als erster Schritt erfolgt eine Kotuntersuchung. Sie gibt Aufschluß über die Art des Parasitenbefalls und ist als wichtigstes Hilfsmittel bei Erkrankungen des Magen- und Darmtraktes anzusehen. Die Kotprobe wird nach dem Absetzen so schnell wie möglich leicht gekühlt zum Tierarzt oder ins Labor geschickt. Sie darf allerdings nicht auf Eis gelegt oder gar eingefroren werden. Hierdurch würden Erreger abgetötet. Um ein Austrocknen zu verhindern, wird die Probe mit einigen Tropfen Wasser beträufelt. Leere Filmdöschen eignen sich hervorragend als Transportbehälter.

Erst nach Identifizierung der verantwortlichen Erreger erfolgen weitere Schritte der medikamentösen Behandlung. Zur Bekämpfung dieser Parasiten gibt es eine Reihe von geeigneten Breitband- sowie spezifisch wirkenden Medikamenten, die jedoch nur nach Absprache mit einem reptilienkundigen Tierarzt verabreicht werden dürfen. Zu hohe Dosierungen haben meist schlimme Folgen. Todesfälle können vorkommen.

Es versteht sich von selbst, daß erkrankte Schlangen während der Behandlungsdauer bis zur vollständigen Genesung in separaten Quarantäneterrarien untergebracht werden. Die Einrichtung dieser Terrarien beschränkt sich auf einige Äste und ein Wassergefäß. Als Bodengrund eignen sich Zeitungspapier oder Zellstofftücher.

Die Symptome von Parasitenbefall sind Nahrungsverweigerung, übel riechende Durchfälle, Verstopfung, Gewichtsverlust, Umfangsvermehrung im Bereich des Hinterleibes und Auswürgen der Nahrung, wobei allerdings Auswürgen der Nahrung auch auf Streß oder zu kühle Haltung zurückzuführen sein kann, insbesondere dann, wenn die anderen genannten Symptome nicht zu beobachten sind. Zudem treten im Zusammenhang mit Parasitenbefall auch fast immer gleichzeitig bakterielle Erkrankungen auf.

Einzeller

Darmerkrankungen kommen häufig vor. Auch hier sind vor allem importierte Schlangen oder solche, die aus dem Handel stammen, betroffen. Durch Streß, schlechte Haltungsbedingungen und Unterernährung sind die Tiere besonders anfällig. Als Erreger kommen hierfür u. a. Einzeller, wie Amöben, Flagellaten und Coccidien in Frage.

Amöbenruhr

Sie ist die gefürchtetste Krankheit bei Reptilienhaltern. Die Sterblichkeitsrate ist sehr hoch. Tritt die Amöbenruhr (Amöbiasis) bei einem Tier auf, greift sie bei unzureichenden Quarantänemaßnahmen oft auf den gesamten Bestand über. Bei der Infektion kommt es am Anfang zu kleinen Wunden in der Darmschleimhaut. Es entwickelt sich nach einiger Zeit eine akute Darmentzündung bis hin zum Zerfallen des Darms. Über die Blutbahn gelangen die Amöben in die Leber und dringen von dort in andere Organe vor, wo dann weitere Abszesse entstehen. Der Tod tritt meist nur wenige Wochen nach der Infektion ein. Die Heilungschancen sind nicht sehr hoch, da die Krankheit meist zu spät erkannt wird. Die Symptome äußern sich in Nahrungsverweigerung, übermäßigem Trinkbedürfnis, Durchfall und Umfangsvermehrung des Hinterleibes.

Nachweisen lassen sich Amöben nur in frischen Kotproben. Bei Amöbenbefall ist eine strikte Quarantänezeit von ca. drei Monaten einzuhalten.

Die Krankheitserreger werden über das Futter, Trinkwasser etc. von den Schlangen aufgenommen. Es sind gesonderte Pinzetten, Handtücher, Schwämme etc. für Routinearbeiten zu verwenden. Freilaufende Insekten können ebenfalls zur Infizierung beitragen und sind nach Möglichkeit zu entfernen. Nicht gefressene Futtertiere müssen auf jeden Fall entsorgt werden. Da in Verbindung mit Amöbiasis fast immer bakterielle Infektionen auftreten, muß erwogen werden, nach vorgenommenem Resistenztest eine zusätzliche Behandlung mit Antibiotika vorzunehmen.

Erkrankungen, hervorgerufen durch Coccidien und Flagellaten, treten weniger häufig auf. Hierbei kann es ebenfalls zu Nahrungsverweigerung, Darmentzündungen und durchfallartigen Kotausscheidungen (Gefahr der Austrocknung) kommen. Nachgewiesen werden die Erreger in frisch abgesetztem Kot.

Wurmparasiten (Helminthen)

Die verschiedenen Wurmarten sind die am häufigsten nachgewiesenen Innenparasiten. Sie befallen den Magen- und Darmtrakt, sind aber auch in anderen Organen, wie z.B. der Lunge, zu finden. Besonders häufig werden Fadenwürmer (Nematoden) nachgewiesen (JONES 1994). Hierzu zählen Spulwürmer (Ascariden), Madenwürmer (Oxyuren) und Drehschwanzwürmer (Spiruriden). Weniger häufig werden Bandwürmer (Cestoden) sowie Saugwürmer (Trematoden) und Zungenwürmer (Pentastomiden) nachgewiesen (TOFT 1975, RILEY & SELF 1981). SWITAK (1998) berichtet, daß alle von ihm untersuchten adulten Baumpythons, die er im Feld untersucht hat, mindestens von einer Nematodenart befallen waren. Nachweisen lassen sich die meisten Wurmparasiten durch eine Kotuntersuchung. Die Symptome sind Nahrungsverweigerung, Erbrechen, Gewichtsverlust durch Nährstoffentzug und Durchfälle. Bei starkem Bandwurmbefall sind im Kot oft abgestoßene Glieder oder ganze Würmer auch mit bloßem Auge gut zu erkennen.

Lungenwurmbefall (*Rhabdias*)

Lungenwurmeier und -larven lassen sich bei Maulabstrichen des Maulinneren oder durch Tracheal- bzw. Bronchialspülungen und auch im frisch abgesetzten Kot nachweisen.

Die Symptome äußern sich durch auftretende Atemgeräusche bei geöffnetem Maul, Schleimabsonderung mit Bläschenbildung aus der Luftröhre, Nahrungsverweigerung und Entzündung der Maulschleimhaut. Da sich Larven und Eier auch im Terrarium befinden und von den Tieren oral aufgenommen werden können ist eine Erneuerung aller austauschbaren Einrichtungsgegenstände insbesondere des Bodensubstrats notwendig. Zusätzlich muß das Terrarium desinfiziert werden (z. B. 70%iger Alkohol).

Tabelle 3. Dosierungsempfehlungen für Antiparasitika.

Parasiten	Medikament	Wirkstoff	Dosierung
Amöben	Flagyl, Clont	Metronidazol	50 mg pro kg KG pro Tag (5 - 10 Tage) oral
	Simplotan	Tinidazol	170 mg pro kg KG pro Tag (8 - 9 Tage) oral
	Resochin	Chloroquin	18 - 30 mg pro kg KG alle zwei Tage (zwei Wochen) intramuskulär
	Humatin	Paromomycin	30 - 110 mg pro kg KG pro Tag (über 4 Wochen) oral
Flagellaten	Duodegran	Ronidazol	12 mg pro kg KG pro Tag (12 Tage) oral
Coccidien	Durenat	Sulfamerazin	80 mg pro kg KG als einmalige Anfangsdosis oral und danach 45 mg pro kg KG pro Tag (über 5 Tage) oral
Nematoden (Fadenwürmer)	Panacur	Fenbendazol	30 - 50 mg pro kg KG (einmalige Dosis) oral Wiederholung nach zwei Wochen
Cestoden- und Trematoden (Band- und Saugwürmer)	Yomesan	Niclosamid	150 - 200 mg pro kg KG (einmalige Dosis) oral
	Droncit	Praziquantel	5 - 10 mg pro kg KG (einmalige Dosis) oral Wiederholung nach zwei Wochen
Oxyuren (Madenwürmer)	Molevac	Pyrvinium-Pamoat	0,5 - 1 ml pro kg KG einmal täglich (3 Tage) oral Wiederholung nach zwei Wochen
Rhabdias (Lungenwürmer)	Citarin	Levamisol	50 mg pro kg KG (einmalig subkutan)

7.3. Bakterielle Erkrankungen

Schlangen sind immer Träger von Bakterien, ohne jedoch im Normalfall an ihnen zu erkranken. Erst falsche Haltung, länger anhaltender Streß, Verletzungen, Parasitenbefall und schlechter Allgemeinzustand lassen es zu einem Ausbruch einer Infektion kommen. Lungenentzündung und infektiöse Maulfäule sind die häufigsten Erkrankungen beim Grünen Baumpython. Sofern sich Infektionen der Haut und des Maulbereichs im Anfangsstadium befinden und auf falsche Klimabedingungen, wie Temperatur, Luftfeuchtigkeit und Stickluft, zurückzuführen sind, ist nach Optimierung der Haltungsbedingungen und lokaler Behandlung der betroffenen Körperstellen durch Antiseptika eine weitere Therapie oft nicht mehr nötig.

Eine Verbesserung des Zustandes sollte jedoch nach einer Woche zu erkennen sein. Ist die Erkrankung bereits im fortgeschrittenen Stadium werden Antibiotika-Gaben notwendig.

Vor jeder Behandlung mit Antibiotika sollte ein Resistenztest erfolgen. Hierbei wird eine Probe des infizierten Gewebes untersucht, um die verantwortlichen Bakterien zu isolieren. Auf diese Weise läßt sich ein wirksames Antibiotikum finden. Das Risiko einer Resistenzgefahr gegenüber aufs Geratewohl verabreichten Mitteln wird somit minimiert.

Bei akuter Lebensgefahr in fortgeschrittenem Krankheitsstadium ist allerdings die Gabe eines Breitbandantibiotikums anzuraten, da der Resistenztest einige Tage in Anspruch nimmt. Liegt das Ergebnis vor, wird - sofern nötig - gezielt weiter behandelt.

7.3.1. Lungenentzündung

Eine bei *M. viridis* relativ häufig auftretende Infektion ist die der Atmungsorgane. Die Krankheit wird hauptsächlich ausgelöst durch zu kühle Haltung in Verbindung mit Zugluft. Betroffen sind in erster Linie Importtiere, die in den Ursprungsländern bis zum Transport unter miserablen Bedingungen oft wochenlang ausharren müssen. Allerdings tritt die Infektion beim Grünen Baumpython auch häufig bei eingewöhnten Schlangen auf. Dies geschieht in Zusammenhang mit der Paarungszeit, da die Temperatur sowie die Beleuchtungsdauer zwecks Paarungsstimulation herabgesetzt wird.

Bei den ersten Anzeichen einer Erkältung müssen die ursprünglichen Klimaverhältnisse wieder hergestellt werden. Es ist hilfreich, die Tiere einige Zeit bei erhöhten Tagestemperaturen von ca. 33 bis 35 °C zu halten. Die Nachttemperatur kann 26 bis 28 °C betragen. Zusätzlich hat es sich bewährt, ein mit wenigen Tropfen Japanischem Heilöl präpariertes feuchtes Stofftaschentuch in den Ästen zu befestigen. Die hierdurch von der Schlange inhalierten ätherischen Dämpfe tragen zur Genesung bei. Erkältungen im Anfangsstadium sind mit dieser Therapie oft ohne Antibiotika in den Griff zu bekommen.

Folgende Symptome deuten auf eine Infektion der Atmungsorgane hin:

- Die Schlange atmet mit leicht geöffnetem Maul.
- Beim Ausatmen treten Schleimbläschen aus Nasenlöchern und Maul aus.
- Es sind Atemgeräusche hörbar.
- Aus dem Maul tritt zäher Schleim aus.

- Beim Luftholen wird der Vorderkörper aufgerichtet.
- Plötzliches Aufreißen des Mauls beim Luftholen.
- Einstellung der Nahrungsaufnahme

7.3.2. Maulfäule

Eine weitere, bei *M. viridis* häufig auftretende Erkrankung, ist die Maulfäule (Stomatitis ulcerosa). Die Ursachen hierfür sind - wie auch bei einer Lungenentzündung - Streß, zu kühle Haltung, schlechter Allgemeinzustand oder unhygienische Haltung. Hinzu kommen Verletzungen im Maulbereich, verursacht durch Fehlbisse in Einrichtungsgegenstände (z. B. bei der Fütterung am Tag), bei Attacken gegen die Frontscheiben des Terrariums oder durch heftige Beißereien untereinander. Nervöse Tiere, die ständig versuchen, aus dem Terrarium auszubrechen, ziehen sich ebenfalls durch ständiges Drücken und Scheuern mit der Schnauze Verletzungen im Maulbereich zu, die sich dann entzünden können.

Erste Anzeichen einer beginnenden Maulfäule:

- das Maul ist nicht ganz geschlossen
- geschwollene Lippenränder
- rote, entzündete Stellen am Zahnfleisch
- veränderte Zahnfleischfarbe - blasser oder glasig erscheinend -
- Bläschenbildung an den Zahnfleischrändern
- zäher Schleim im Maul und an den Lippen

Im fortgeschrittenen Stadium der Maulfäule treten folgende Symptome auf:

- zerstörtes bzw. zurückgegangenes blutiges Zahnfleisch, so daß die Zähne teilweise freiliegen und ausfallen
- Futterverweigerung
- geschwollener Kopf
- Ansammlung von Eiter in den Zahntaschen
- Ausfallen der Zähne
- Deformierung und Zerstörung der Schädelknochen

In Verbindung mit der Maulfäule im fortgeschrittenen Stadium kommt es durch Aspirieren von keimhaltigem Schleim meistens auch zu Entzündungen der Atmungsorgane. Um die Maulfäule rechtzeitig bekämpfen zu können, ist es wichtig, die Schlangen genau zu beobachten. Die kleinsten sichtbaren Veränderungen im Maul- und Kopfbereich sowie die Nahrungseinstellung außerhalb der Paarungszeit und der Häutungsphase müssen beim Grünen Baumpython als Alarmsignal gewertet und ohne Aufschub untersucht werden. Werden die Symptome im Anfangsstadium erkannt, reichen oft lokale Behandlungsmethoden aus, um einen Heilungsprozeß zu bewirken.

Antiseptika zur lokalen Behandlung einer Stomatitis:

- Jodlösung: z.B. Betaisodona-Lösung, 1:10 in Wasser verdünnt auf die Schleimhäute auftragen; zwei- bis dreimal täglich (eine Woche)
- Wasserstoffperoxyd: 3%ige Lösung auf die Schleimhäute auftragen; ebenfalls zwei- bis dreimal täglich (eine Woche)

Die Behandlung der Maulfäule im fortgeschrittenen Stadium erfolgt mit Antibiotika (s. Tabelle 4, S. 91). Zusätzlich sollten folgende unterstützende Maßnahmen durchgeführt werden:

- Boviserin - Wirkstoff Serumprotein - ca. 5 - 20 ml pro kg KG dreimal täglich (eine Woche) oral
- Vitamingaben: Vitamin C-Präparate

Gut genährte Schlangen benötigen während des Behandlungszeitraumes keine Nahrung. Bei geschwächten und unterernährten Schlangen wird eine unterstützende Behandlung mit Boviserin nötig, welches über eine Magensonde verabreicht wird. Boviserin dient als Nähr- und Kräftigungsmittel. ISENBÜGEL & FRANK (1985) empfehlen eine Dosierung von ca. 2,5 ml pro 100 g KG. Der Einsatz ist auch bei Magen- und Darmerkrankungen sinnvoll. Es bietet sich auch an, Medikamente in Boviserin aufgelöst zu verabreichen.

7.3.3. Gastroenteritis

Das Krankheitsbild einer bakteriellen Infektion der Magen-Darm-Schleimhaut ist von dem eines Parasitenbefalls kaum zu unterscheiden, zumal die Gastroenteritis in der Regel eine Folgeerscheinung von Primärinfektionen ist. Die Symptome sind übelriechende, durchfallartige Kotausscheidungen vermischt mit Blut, eitrigem und glasig wirkendem Gewebe; ausgewürgte, halb verdaute Futtertiere und Futterverweigerung.

Eine Kotuntersuchung gibt Aufschluß über die Ursache. Die Medikamentenwahl richtet sich danach, ob die Primärinfektion - ausgelöst durch Würmer oder Einzeller - oder lediglich die Gastroenteritis behandelt wird. Ob beide Erkrankungen mit verschiedenen Medikamenten gleichzeitig behandelt werden entscheidet der Tierarzt, wobei auf die Verträglichkeit der Präparate zu achten ist.

7.3.4. Bläschenkrankheit

Die Symptome äußern sich in flüssigkeitsgefüllten Bläschen, die sich zwischen den Schuppen bilden. Die Bläschen sind prall gefüllt mit einer klaren Flüssigkeit von zäher Konsistenz. Verantwortlich hierfür sind zahlreiche Bakterien. Da der Grüne Baumpython hohe Luftfeuchtigkeit benötigt und sich nie auf nassem Bodensubstrat aufhält, ist die Krankheit in Verbindung mit zu nasser Haltung eher selten, aber nicht ausgeschlossen. Ein Fall eines wenige Wochen alten Baumpythons ist uns bekannt, bei dem diese Krankheit durch zu feuchte Haltung in Verbindung mit Stickluft auftrat. Das Tier starb schließlich an Septikämie (Blutvergiftung).

Wir selbst konnten die Krankheit in Zusammenhang mit Bißverletzungen beobachten. Nach Desinfizierung wurden die Verletzungen mit Lebertransalbe (Unguentolan) versorgt. Es kam in unmittelbarer Nähe der Verletzung, aber auch vereinzelt über den Körper verteilt, nach einiger Zeit zu dieser Bläschenbildung.

Diese Bläschen wurden von uns in mehreren Fällen nach der Behandlung mit Unguentolan-Salbe beobachtet. Die Salbe bewirkt, daß sich sauerstoffarme Räume bilden, wo - besonders in Verbindung mit warmem und feuchtem Klima - die Bakterien besonders gut wachsen. Seither vermeiden wir bei offenen Wunden die Anwendung solcher Salben.

Die Bläschen werden mit Hilfe steriler Wundkompressen ausgedrückt und die betroffenen Stellen anschließend mit einer Jodlösung desinfiziert. Die weitere Behandlung erfolgt durch das Präparat Floxal (Wirkstoff Ofloxacin), das auf die betroffenen Stellen aufgetragen wird. Dort, wo die Flüssigkeit austritt, verfärben sich die umliegenden Schuppen braun und sterben teilweise ab.

Sofern sich nur einzelne Bläschen bilden und die betroffenen Stellen nach der Behandlung abtrocknen, ohne sich weiter zu entzünden, ist es ratsam, vor einer Antibiotika-Behandlung die nächste Häutung abzuwarten. Wir konnten feststellen, daß mit Erneuerung der Haut die Bläschen verschwanden und keine neuen auftraten. Vorteilhaft für den Heilungsprozeß wirkt sich eine erhöhte Temperatur im Terrarium sowie eine etwas geringere Luftfeuchtigkeit aus. Ist keine Verbesserung zu erkennen oder treten die Bläschen massenhaft auf, wird nach einem Resistenztest eine Behandlung mit Antibiotika nötig.

Handelsname	**Wirkstoff**	**Dosierung**
Baytril	Enrofloxacin	10 mg pro kg KG pro Tag (1 Woche) subkutane Injektion
Terramycin	Oxytetracyclin	6-10 mg pro kg KG pro Tag (1 Woche) oral
Steptomycin	Steptomycin	10 mg pro kg KG pro Tag (1 Woche) oral
Chloromycetin	Chloramphenicol	50 mg pro kg KG pro Tag (1 Woche) oral
Ceftazidim	Ceftazidim	20 mg pro kg KG alle 72 Stunden (3 mal) intramuskuläre Injektion
Vibravenös	Doxycyclin	50 mg pro kg KG als Initialdosis, gefolgt von 25 mg pro kg KG alle 72 Stunden (2-3 mal) intramuskuläre Injektion

Tabelle 4: Dosierungsempfehlungen für Antibiotika (nach Köhler 1996).

7.4. Verletzungen

Bißverletzungen

Bißverletzungen können beim *M. viridis* infolge seiner langen und rasiermesserscharfen Zähne besonders gravierend ausfallen. Schwere bis lebensbedrohliche Bißverletzungen ereignen sich wahrscheinlich lediglich unter Terrarienbedingungen, da der unterlegenen Schlange nur begrenzte Ausweichmöglichkeiten zur Verfügung stehen. Allerdings sind Beißereien der Tiere untereinander unseren Beobachtungen und Erfahrungen entsprechend nie auf echten Kannibalismus zurückzuführen. Bißverletzungen sind nach unseren Erkenntnissen auf drei verschiedene Umstände zurückzuführen:

1. Bei Vergesellschaftung zweier oder mehrerer Pythons während der Fütterung. Hier geraten manche Exemplare in einen regelrechten Futterrausch, wobei sie auf jede Bewegung, egal ob es sich lediglich um einen Schatten, eine andere Schlange oder den Pfleger handelt, reagieren und zubeißen. Schlangen, die ihre Beute schnell verschlungen haben, versuchen langsamer fressenden Terrarieninsassen das Futter abzujagen. Durch den anhaftenden Geruch der Futtertiere an der Schlangenhaut entstehen Beißereien infolge von Verwechslungen mit den Beutetieren. Bißverletzungen, die hierdurch entstehen, sind in der Regel eher harmlos, da nachdem der Irrtum erkannt wurde, der Artgenosse sofort wieder losgelassen wird. Die Anwesenheit des Pflegers ist bei der Fütterung immer erforderlich, um notfalls einzugreifen.

2. Infolge von **Rangordnungskämpfen** zwischen paarungswilligen Männchen. Diese Kämpfe finden in der Regel nur nachts statt. Eine dauernde Beaufsichtigung durch den Pfleger ist daher nicht immer gewährleistet. Hierbei kommt es zu schwerwiegenden Verletzungen, die auch in einigen Fällen zum Tod des unterlegenen Tieres führen. Die Verletzungen gleichen Messerschnitten, die meistens quer über den Rücken bis zum Bauchansatz verlaufen. Sie entstehen, indem eine Schlange sich in der anderen verbeißt und mit geschlossenem Maul reißende und drehende Bewegungen des Körpers ausführt.

3. Streßfaktoren. In einigen Fällen leben Pythons beiderlei Geschlechts manchmal mehrere Jahre in einem Terrarium zusammen, ohne daß es, von üblichen Beißereien beim Füttern abgesehen, zu Zwischenfällen kommt. Aus unerfindlichen Gründen geschieht es vereinzelt, daß sich die Tiere nicht mehr vertragen und es dann wie bei den Kommentkämpfen zu schweren Bißverletzungen zwischen den Geschlechtern kommt. Unsere Erklärung hierfür ist, daß Schlangen grundsätzlich Einzelgänger sind und bei dauerndem Sicht- und Geruchskontakt, der auch in großzügig angelegten Terrarienanlagen nicht zu vermeiden ist, in einem ständigen Streßzustand leben, der irgendwann Auslöser für aggressives Verhalten ist.

Behandlung von Bißwunden:

Zunächst werden die Wunden gesäubert und desinfiziert. Dies geschieht mit einer Jodlösung. Die weitere Behandlung erfolgt z. B. mit Floxal-Tropfen (Wirkstoff Ofloxacin). Die Tropfen wirken entzündungshemmend und beugen bakteriellen Infektionen vor. Sie beschleunigen den Heilungsprozeß. Die Wunden werden zwei- bis dreimal täglich hiermit beträufelt. Dies geschieht so lange, bis sich neues Gewebe gebildet hat und sich die Wunde schließt. Der

Einsatz von Wund- und Heilsalben, wie z.B. Unguentolan-Salbe (Lebertransalbe), hat sich nach unseren Erkenntnissen bei offenen Wunden als nicht unproblematisch erwiesen. Grundsätzlich ungeeignet sind die Salben bei entzündeten Verletzungen (s. Bläschenkrankheit).

Große Zusammenhangstrennungen müssen auf jeden Fall nach Desinfizierung vom Tierarzt genäht werden. Leichtes Anschwellen des Wundbereiches ist im Verlauf des Heilungsprozesses normal. Extreme Schwellungen und stark nässende Wunden deuten jedoch auf eine Entzündung hin. Hier wird nach einem Resistenztest die Behandlung mit Antibiotika nötig. Bis zum vollständigen Abheilen größerer Zusammenhangstrennungen, bei denen auch Muskeln verletzt wurden, vergehen in der Regel einige Monate. Während der ersten Wochen nach der Verletzung ist es auch hier angebracht, den Patient in einem Quarantäneterrarium unterzubringen, bei dem die Einrichtung lediglich aus einigen Ästen besteht und der Boden mit Zellstofftüchern ausgelegt wird. Bis sich das Gewebe regeneriert hat, sollten die Tiere nicht direkt eingesprüht werden. Damit abheilende Wunden nicht aufreißen und um die nächste Häutung herauszuzögern, werden die Schlangen während des Behandlungszeitraumes nicht gefüttert. Stark unterernährte sowie geschwächte Schlangen werden über eine Magensonde mit Boviserin ernährt.

Während des Heilungsprozesses bildet sich Schorf, der nicht entfernt werden darf, da sonst die Wunde evtl. wieder aufreißt. Nach mehreren Häutungen bleiben in der Regel nur noch schwache Narben übrig, die sich im Laufe der Zeit fast völlig verlieren.

Abgebrochene Zähne

Hin und wieder kommt es beim Grünen Baumpython vor, daß Zähne, bedingt durch deren Länge, abbrechen. Dies geschieht meist durch unkontrollierte Abwehrbisse, z.B. durch Störungen durch den Pfleger, bei Beißereien untereinander oder wenn übergroße lebende Beutetiere, die sich stark wehren, verfüttert werden. Manchmal brechen auch Zähne ab, wenn beim Vorhalten des Beutetiers in die Futterpinzette gebissen wird. Normalerweise ist dies für die Schlange kein Problem, da abgebrochene Zähne nachwachsen. Durch die Länge der Zähne geschieht es jedoch manchmal, daß sie sich in das Zahnfleisch oder in andere Bereiche des Maulinneren einspießen. Ein Erkennungsmerkmal von abgebrochenen Zähnen ist, daß die Schlange ihr Maul nicht ganz geschlossen hält. Manchmal ragt die Spitze eines Zahns aus dem geschlossenen Maul heraus.

Um Infektionen zu verhindern, müssen lose Zähne umgehend mit Hilfe einer Pinzette entfernt werden. Das Zahnfleisch wird auf entzündete, gerötete oder evtl. blutende Stellen untersucht und ggf. mit Betaisodona-Lösung (1:10) oder Wasserstoffperoxyd (3%ig) behandelt.

Abgetrennte Schwanzenden

Besonders gefährdet sind Jungtiere, die beim Schließen der Frontscheiben des Terrariums mit den sehr empfindlichen Schwanzenden dazwischen geraten. Vorsicht ist auch beim Transport geboten. Beim Schließen des Deckels der Transportbox ist schon mancher Schwanz eingeklemmt und dadurch verletzt oder abgetrennt worden. Bei einer vollständigen Durchtrennung wird die Wunde lediglich mit Jodlösung desinfiziert. Bei Nichtinfizierung sind keine weiteren Maßnahmen nötig. Ist der Schwanz nur teilweise durchtrennt hilft möglicherweise ein Verband, ein Pflaster oder ein Strohhalm, der über den Schwanz geschoben wird, wodurch dieser stabilisiert und ruhig gestellt wird.

Wir besitzen ein ca. 10 Jahre altes Baumpython-Männchen, dem ca. 6 cm vom Schwanzende fehlen. Ein Handicap scheint dieser Verlust jedoch nicht zu sein, da die Schlange sich völlig normal verhält und sich regelmäßig paart.

Verbrennungen

Diese Art der Verletzung tritt immer wieder als Folge eines Kontaktes der Schlange mit nicht oder nur unzureichend gesicherten Heizelementen auf.

Anders als bodenbewohnende Boa- oder Pythonarten gelangen Baumpythons an jeden noch so "unmöglich zu erreichenden" Winkel im Terrarium. Ihre Kletterkünste und ihre Reichweite dürfen nicht unterschätzt werden.

Besonders Heizstrahler, die ungesichert in einem zu geringen Sicherheitsabstand im Bereich der Tiere installiert werden, sind häufig die Ursache von Brandverletzungen. Auch Heizkabel kommen als Übeltäter in Frage. So überhitzte in einem unserer Terrarien ein handelsübliches Heizkabel und steckte damit den Bodengrund, bestehend aus Buchenspänen, in Brand. Das Unglück wurde sofort bemerkt und der Brand konnte gelöscht werden. Der Grund, warum das Heizkabel plötzlich überhitzte, ist uns bis heute unbekannt. Die Terrarieninsassen, ein Pärchen *Acrantophis dumerili* wurde unbeschadet gerettet. Um Verbrennungen an der Zunge zu vermeiden, ist es wichtig, den Abstand zwischen Schutzgitter und Heizquelle groß genug zu wählen.

Kleinere Verbrennungen werden mit NaCl-Lösung gereinigt und anschließend mit Unguentolan Wund- und Brandsalbe bestrichen. Da sich Verbrennungsverletzungen leicht infizieren, müssen diese genau beobachtet werden. Bleibt die Wunde trocken und kommt es zu keiner Infektion regeneriert sich das Gewebe relativ schnell und die Behandlung ist damit abgeschlossen. Schwieriger gestaltet sich die Versorgung großflächiger Verbrennungen, deren Behandlung man in jedem Fall einem Tierarzt überlassen sollte. Neben der eigentlichen Brandverletzung bestehen hier noch weitere Gefahren, wie eine Exsikkose (massiver Flüssigkeitsverlust), Sepsis (Allgemeininfektion mit Ausbreitung von Bakterien und Mikroben) sowie Nierenversagen und Schockzustände. Der Tierarzt wird in einem solchen Fall die Brandwunden sorgfältig reinigen und mit Verbandmaterial abdecken, um die Läsionen zu schützen.

Daneben wird versucht, den durch die Verbrennungen entstehenden Flüssigkeitsverlust mit Elektrolyt-Lösungen, die unter die Haut injiziert werden, wieder auszugleichen. Eine prophylaktische Medikation mit Antibiotika ist bei großflächigen Verbrennungen ebenfalls angezeigt, damit einer eventuellen generalisierten Infektion frühzeitig entgegengewirkt werden kann. All dies läßt sich leicht vermeiden, indem man die Heizstrahler mit einem geeigneten Schutzkorb aus Draht umgibt oder die Heizelemente außerhalb, beispielsweise über dem Lüftungsgitter im Dach des Terrariums, installiert.

Dislokation der Wirbelsäule

Bei neugeborenen Baumpythons kommt es durch grobe Handhabung der Tiere häufig zu Dislokationen der Schwanzwirbel. Früher glaubte man bei Auftreten dieses "Schwanzknickes" an

Abb. 73. Verwachsene Dislokation bei einem adulten Weibchen.

einen Fehler der Bebrütungstechnik. Bei der Dislokation werden die einzelnen Wirbelkörper aus ihrer normalen Lage gebracht. Dies geschieht bei Versuchen, die winzigen Schlangen vom Ast zu lösen. Sie versuchen, sich dagegen zu wehren, indem sie sich mit ihrem Greifschwanz an den Ästen festhalten. Bei Streckungsversuchen zwecks Sondierung kann es ebenfalls zur Dislokation der Schwanzwirbel kommen. Wenn man bedenkt, daß die Wirbelsäule der Jungtiere im Bereich des Schwanzes einen Durchmesser von kaum einem Millimeter aufweist wird verständlich, daß geringste Manipulationen, wie Ziehen oder Drehen genügen, um hier einen Schaden anzurichten. Des weiteren kommt es auch vor, daß bei einem Biß der Betroffene unweigerlich die Hand reflexartig zurückzieht und der Python nicht sofort losläßt.

Eine Behandlungsmethode gibt es hierfür nicht. Der Schaden ist irreparabel und bleibt optisch für immer sichtbar. Im günstigsten Fall verwachsen die Dislokationen im Laufe der Zeit und zeigen sich später als Verkrümmungen der Wirbelsäule, ohne die Schlange in ihren natürlichen Verhaltensweisen zu beeinträchtigen. In ungünstigen Fällen kann es aber zu starken Behinderungen kommen. Wurde die Wirbelsäule eines Tieres im Bereich der Schwanzwurzel verletzt besteht die Gefahr, daß durch innere Verwachsungen die Funktion der Kopulationsorgane, die sich bei Schlangen in diesem anatomischen Bereich befinden, gestört ist. Ebenfalls kann die Defäkationsfähigkeit beeinträchtigt sein, wodurch es immer wieder zu Verstopfungen kommt.

Es sind auch Fälle bekannt, bei denen trächtige Baumpythons aufgrund von dislokationsbedingten Veränderungen im Kloakenbereich ihre Eier nicht absetzen konnten und an Legenot starben. Deswegen besteht immer ein gewisses Risiko, wenn Weibchen mit dem sogenannten Knickschwanz zu Zuchtversuchen eingesetzt werden. Wir möchten an dieser Stelle nochmals zur unbedingten Vorsicht im Umgang mit den hochempfindlichen Jungtieren raten.

7.5. Sonstiges

7.5.1. Legenot

Bei *M. viridis* ist der Eiablagetermin recht genau zu bestimmen. Nachdem durch bekannte Kriterien, wie Nahrungseinstellung, Gewichtszunahme und Aufsuchen warmer Plätze sichergestellt ist, daß das Weibchen trächtig ist, kann man den Zeitpunkt der Eiablage recht genau abschätzen, da sich die Weibchen 18 bis 24 Tage vor dem Absetzen der Eier häuten. Wenn dieser Termin erheblich überschritten wird und sich das Tier ungewöhnlich verhält, besteht die Gefahr einer Legenot, was schnelles Handeln erforderlich macht.

Legenot äußert sich in Apathie oder es werden Preßversuche beobachtet, die erfolglos bleiben (nach ca. ein bis zwei Stunden ist von einer Störung des normalen Ablaufes auszugehen). Verläßt das Weibchen zum Eiablagetermin den Brutplatz, wobei es sich wieder normal verhält, eventuell wieder angebotene Nahrung annimmt oder aber weiterhin ruhelos umherkriecht, ist es dringend nötig, einen Tierarzt hinzuzuziehen, der dann über weitere Maßnahmen entscheidet.

Legenot kann ausgelöst werden durch:

- schlechten Allgemeinzustand
- Mangelerscheinungen
- fehlende Eiablageplätze
- übergroße Gelege
- übergroße Eier
- deformierte Eier
- Entzündungen bzw. Geschwüre im Eileiter
- Deformationen (Verwachsungen aufgrund von Dislokationen) im Kloakenbereich

Um die Eiablage einzuleiten, wird ein wehenauslösendes Mittel eingesetzt. Bekannt ist in diesem Zusammenhang das Präparat Pitressin (Wirkstoff Oxytocin; 1 bis 4 mg pro kg KG intramuskulär). Ross & Marzec (1994) berichten von einem Präparat mit dem Inhaltsstoff Arginin-Vasotocin, welches wirksamer sein soll als Oxytocin. Da Kalziummangel als Ursache nicht ausgeschlossen werden kann, wird vor der Oxytocin-Gabe Calcium-Sandoz (Kalziumglukonat; 0,5 ml pro kg KG i.p.) verabreicht.

Bringt der Einsatz von wehenauslösenden Mitteln keinen Erfolg, bleibt nur der chirurgische Eingriff und die Eier werden operativ entfernt. Auf diese Weise entfernte Eier sind so gut wie nie lebensfähig, was aber trotzdem nicht von dem Versuch einer künstlichen Inkubation abhalten sollte. Einzelne festsitzende Eier können mittels einer Sonde, die durch den Eileiter geschoben wird, punktiert und abgesaugt werden. Im Anschluß werden sie mit einer Fremdkörperpinzette entfernt.

7.5.2. Häutungsschwierigkeiten

Adulte und semiadulte Grüne Baumpythons häuten sich etwa alle acht bis zehn Wochen, Jungtiere etwa alle sechs bis acht Wochen. Hierbei spielt das Futterangebot eine entscheidende Rolle.

Anzeichen einer bevorstehenden Häutung sind:

- nächtliche Aktivitäten werden eingestellt.
- warme Plätze werden aufgesucht.
- beim Einsprühen der Schlange bleiben keine oder nur wenige Wassertropfen wie Perlen auf der Haut stehen, sie werden schnell von der Haut aufgenommen.
- die meisten Pythons verweigern während dieser Zeit die Nahrung.
- die Haut wird blasser und die Augen werden trüb, wobei die Eintrübung der Augen wegen der natürlichen gelblichen Färbung nicht sehr auffällt.
- erhöhtes Trinkbedürfnis.
- es wird nicht abgekotet (erst unmittelbar nach der Häutung).
- ein Anschwellen des Kopfes ist bei einigen Exemplaren in dieser Zeit ebenfalls zu bemerken.

Während der gesamten Häutungsphase sollten die Schlangen nicht gefüttert und auch sonst nicht gestört werden. Häutungsschwierigkeiten beim Grünen Baumpython sind keine Seltenheit. Die Ursache hierfür ist fast immer eine zu trockene Haltung. Werden 75-80% relative Luftfeuchtigkeit im Terrarium längerfristig unterschritten, kommt es zu Problemen. Eine unvollkommene Häutung kann auch eine Begleiterscheinung von schlechtem Allgemeinzustand sein. Oft sind Terrarien so eingerichtet, daß im oberen Drittel keine ausreichende Grundtemperatur herrscht. Der Python muß sich dann, um seine Vorzugstemperatur von ca. 31 °C, vor der Häutung sogar etwas höher, zu erreichen, direkt unter den Heizstrahlern aufhalten.

Dies zieht aber gleichzeitig eine schnellere Austrocknung der Schlange selbst bei vermehrtem Sprühen nach sich. Es sollten daher solche Ruheplätze im oberen Teil des Terrariums vorhanden sein, an denen ohne direkte Einstrahlung diese Werte erzielt werden. Um Problemen vorzubeugen, wird in der Häutungsphase und unmittelbar vor der Häutung die Terrarieneinrichtung sowie die Pythons selbst vermehrt besprüht.

Zum Entfernen von Häutungsresten werden die Schlangen in leicht temperiertem Wasser einige Zeit gebadet. Hierdurch löst sich die alte Haut und wird nun vorsichtig entfernt. Besonders muß bei Ablösen der Haut auf den Augen, der Kloake und des empfindlichen Schwanzes geachtet werden.

8. Danksagung

Unser Dank gilt all denen, die uns seit Jahren bei der Pflege und Zucht des Grünen Baumpythons unterstützen und so zur Entstehung des vorliegenden Buches beigetragen haben.

Ganz besonders bedanken wir uns bei Frau Sonja Weier (Marienheide-Erlinghagen) für die vielen Stunden unermüdlicher Mithilfe bei der Fertigstellung und der professionellen Computerbearbeitung des Manuskriptes sowie für die Mithilfe und volle Unterstützung bei der Ausübung des gemeinsamen Hobbys. Ohne ihr Engagement wäre das Buch nicht zu realisieren gewesen. Frau Tanja Baumhoff (Siegen), die durch ihr Interesse an der Terraristik und ihrer Hilfsbereitschaft stets eine gute Freundin ist. Ehepaar Helmut und Marianne Hoff (Marienheide-Erlinghagen), die seit vielen Jahren die Terrarienanlagen während unserer Abwesenheit betreuen. Herrn Johann Czeczatka (Engelskirchen-Schnellenbach), der mit seinem handwerklichen Geschick maßgeblich am Bau vieler Terrarien beteiligt war. Wir danken: Frau Nadia Rotha (Marienheide-Jedinghagen), die uns mit der Übersetzung englischsprachiger Fachliteratur sehr behilflich war. Herrn Bernd von Schroeders (Mörfelden-Walldorf), der seit nunmehr 20 Jahren mit seinen umfassenden Kenntnissen auf dem Gebiet der Herpetologie ein hilfsbereiter Ansprechpartner in allen Fragen ist. Herrn Dr. med. vet. Kai Opiela (Refrath) für die kompetente veterinärmedizinische Hilfe und für die Durchsicht des Kapitels "Krankheiten der Schlangen". Dem Ärzteteam der Tierklinik von Dr. Kachel (Siegen-Niederdielfen), das uns bei speziellen Problemen und Fragen immer weiterhelfen konnte. Herrn Herbert Heidtmann (Bergneustadt) für die sprachliche Durchsicht des Manuskripts. Herrn Oliver Weiss (Siegen), der bei den Tieraufnahmen stets die nötige Geduld und Ruhe aufbrachte. Herrn Gustl Hufschmid (München-Goldach) für die hervorragenden Aufnahmen seiner Tiere, die er uns zur Verfügung gestellt hat und für den offenen Erfahrungsaustausch. Frau Silke Schneider (Burgsteinfurt), die uns von ihren Reisen in den nordaustralischen Urwald Biotopaufnahmen mitgebracht hat. Frau Ruth Barensteiner (Freiburg), die aufgrund ihrer Forschungstätigkeit viel Zeit in Papua-Neuguinea verbringt, und Herrn Michael Leitzinger (Sindelfingen) - Trekkingführer in West-Papua - für Fotodokumente, die wir für dieses Buch verwenden durften.

Ebenfalls gilt unser Dank Herrn Dr. Harald Künzl (A-Pressbaum), Herrn René Reutterer (A-Wien), Herrn Alfred A. Schmidt (Frankfurt am Main) sowie Herrn Dipl. Ing. Ivan Vergner (CZ-Zbysov) für wertvolle Fotodokumente.

Wir bedanken uns bei Herrn Alfred A. Schmidt (Frankfurt am Main) und Herrn Ulrich Kuch (Kelkheim) für die kritische Durchsicht des Manuskripts und hilfreiche Anmerkungen.

Unser besonderer Dank gilt Herrn Dr. Gunther Köhler (Offenbach) für die fachliche Betreuung dieses Buchprojekts, insbesondere für die Unterstützung bei der Literaturrecherche, bei Fragen der Systematik und Taxonomie und für die Mithilfe bei der Beschaffung von Fotomaterial. Seiner Frau, Elke Köhler, möchten wir unseren herzlichen Dank für die freundliche und fachkompetente Unterstützung bei der Fertigstellung des Buches aussprechen.

9. Literaturverzeichnis

APA Guides Indonesien - RV Reise- und Verkehrsverlag GmbH München 1993: 451 S.

Barensteiner R. & Leitzinger, M. (1996): Abenteuer Trekking Neuguinea. - München (Bruckmann Verlag): 223 S.

Barret, C. (1950): Reptiles of Australia. - London, Toronto, Melbourne, Sydney (Cassel & Comp. Ltd.): 168 S.

Bartlett, R.D. (1977): A captive breeding of the green tree python, *Chondropython viridis*. - Proc. Second Annual Reptile Symposium on Captive Propagation and Husbandry: 34-38.

Bartlett, R.D. (1983): Chondros - au naturel. - Bull. Brit. herpet. Soc. 7: 72-74.

Boulenger, G. (1879): Observations sur le genre Chondropython. - Bull. Soc. zool. France 4: 146-147.

Brannian, R., Graham, D. & Barnes, D. (1980): Mortality in captive green tree pythons. - Annual Proc. Am. Ass. Zoo Vet. 1980: 63-65.

Burt C. & Burt M. (1932): Herpetological results of the Whitney South Sea Expedition. VI. Pacific Island amphibians and reptiles in the collection of the American Museum of Natural History. - Bull. Am. Mus. nat. Hist. 63 (5): 461-597.

Coborn J. (1992): Boas & Pythons und andere ungiftige Schlangen. - Kollnburg (Bede-Verlag): 190 S.

Cogger, H. (1986): Reptiles and Amphibians of Austria. - Sydney, Reed: 688 S.

Copper, W., Ohmart, C. & Dahlsten, D. (1978): Predation by a rubber boa on chestnut-backed chickadees in an artificial nesting site. - Western Birds 9 (1): 41-42.

De Rooij, N. (1917): The reptiles of the Indo-Australian Archipelago. II. Ophidia. - Leiden (E. J. Brill Ltd.): 331 S.

Dunn, E.R. (1939): Zoological results of the Denison-Crockett Expedition to the South Pacific for the Academy of Natural Sciences of Philadelphia, 1937-1938. Part II. - Amphibia and Reptilia. - Notulae Nat. Philadelphia 14: 1.

Fasler, K. (1984): Durch Nachzucht erhalten: der grüne Baumpython. - Aquarien Mag. 18 (12): 591-594.

Foekema, G. (1972): Enkele verschillen tussen de groene boomboa en de groene boompython. - Lacerta 31 (5): 86-87.

Frye, F. (1973): Husbandry, Medicine & Surgery in Captive Reptiles. - Bonner Springs, Kansas (V.M. Publishing).

Garrett, C.M. & B.E. Smith (1994): Perch preference in juvenile green tree pythons, *Chondropython viridis*. - Zoo Biology 13: 45-50.

Getreuer, W. (1983): Breeding results. *Chondropython viridis*. - Litteratura Serpentium, 3 (5):167.

Gotch, A. F. (1986): Reptiles-Their latin names explained. - New York (Blandford): 176 S.

Greer, A.E. (1997): The Biology and Evolution of Australian Snakes. - Chipping Norton, NSW, Australia (Surrey Beatty & Sons): 358 S.

Hackbarth, R. (1985): Krankheiten der Reptilien. - Stuttgart (Franckh'sche Verlagshandlung): 88 S.

Haniford, S. (1995): Papua New Guinea-paradise wonderland. - Chondro 3 (1): 19-21.

Hartmann, P. & Steiner, B. (1987): Breeding results. *Chondropython viridis* - Green tree Python. - Litteratura Serpentium 7 (2): 91

Henderson, R.W. (1993): On the diets of some arboreal boids. - Herpetological Natural History 1 (1): 91-96.

Hollander, P.J. (1982): Notes on incubating *Chondropython* eggs. - Proc. Sixth Annual Reptile Symposium on Captive Propagation and Husbandry: 275-282.

Hortenbach H. (1995): Nachzucht von *Chondropython (Morelia) viridis*.- Elaphe N.F. 3 (2): 10-14.

Hoser, R. (1981): Australian pythons (part 1). Genera *Chondropython* and *Aspidites*. - Herptile 6 (2): 10-16.

Isenbügel, E. & Frank, W. (1985): Heimtierkrankheiten. - Stuttgart (Verlag E. Ulmer): 402 S.

Jago, G. (1994): An occurrence of cannibalism in juvenile green pythons *Chondropython viridis* with further notes on their captive husbandry. - Herpetofauna, Sydney, 24 (2): 49-50.

James (1978): Caudal luring in the green tree python, *Chondropython viridis* (Reptilia, Serpentes, Boidae). - Journal of Herpetology 12 (1): 117-118

Jarofke, D. & Lange, J. (1993): Reptilien - Krankheiten und Haltung. - Berlin (Verlag Paul Parey): 188 S.

Johnson, C. (1977): Thermoregulation in pythons. 4. Thermoregulation in the Papuan-New Guinean pythons within the genera *Python, Liasis* and *Chondropython*. - Zoological J. Linn. Soc. 60 (2): 189-195.

Jones, H. (1983): A collection of nematodes from snakes from Papua New Guinea. - Systematic Parasit. 5 (2): 131-134.

Kend, B. (1994): Captive care and husbandry of the green tree python, *Chondropython viridis*. - Tropical Fish Hobbyist 42 (6): 110-114, 116.

Kivit, R. (1992): Ervaringen bij het houden en kweken van de Groene boompython (*Chondropython viridis*). - Lacerta 50 (5): 163-170.

Kluge, A.G. (1993): *Aspidites* and the phylogeny of pythonine snakes. - Rec. Aust. Mus. Suppl. No. 19; 1-77.

Köhler, G. (1996): Krankheiten der Amphibien und Reptilien. - Stuttgart (Verlag E. Ulmer): 168 S.

Köhler, G. (1997): Inkubation von Reptilieneiern. - Offenbach (Herpeton): 205 S.

Kratzer, H. (1962): Seltener Gast aus Neu-Guinea: *Chondropython viridis* Schlegel. - DATZ 15 (1/4): 19-21, 117-119.

Künzl, H. (1998): Zur Haltung und Zucht des Grünen Baumpythons *Chondropython viridis*. - Jahrbuch Herpetol. Terrarist. Vereinigung Österreich 1998: 18-24.

Loveridge (1974): Reptiles of the Pacific World. Society for the Study of Amphibians and Reptiles. - New York (The Macmillan Company): 259 S.

Mackay, R. (1973): The green python. - Wildlife in Australia 10 (3): 108.

Marcus, L. (1983): Amphibien und Reptilien in Heim, Labor und Zoo. - Stuttgart (F. Enke Verlag): 184 S.

McDowell, S. (1975): A catalogue of the snakes of New Guinea and the Solomons, with special reference to those in the Bernice P. Bishop Museum. Part 2. Anilioidea and Pythoninae. - Journal of Herpetology 9 (1): 1-79.

McDowell, S. (1984): Results of the Archbold Expeditions. No. 112. The snakes of the Huon Peninsula, Papua New Guinea. - American Mus. Novitates 2775:1-28.

Meyer, A. (1875): Eine Mitteilung von Hrn. Dr. Adolf Bernhard Meyer über die von ihm auf New-Guinea und den Inseln Jobi, Mysore und Mafoor im Jahre 1873 gesammelten Amphibien. - Monatsb. K. Preuss. Akad. Wiss. Berlin 1874: 128-140.

Millgate, M. (1991): Reproduction of green Pythons at Taronga Zoo. - Thylacinus 16 (2): 5-6.

Müller, M.J. (1996): Handbuch ausgewählter Klimastationen der Erde. 5. Aufl. - Trier (Forschungsstelle Bodenerosion der Universität Trier): 400 S.

Murphy, J. B., Barker, D. G. & Tryon, B. W. (1978): Miscellaneous notes on the reproductive biology of reptiles. 2. Eleven species of the family Boidae, genera *Candoia, Corallus, Epicrates* and *Python*. - Journal of Herpetology 12 (3): 385-90.

Murphy, J., Carpenter, C. & Gillingham, J. (1978): Caudal luring in the green tree python, *Chondropython viridis* (Reptilia, Serpentes, Boidae). - Journal of Herpetology 12 (1): 117-119.

Nietzke, G. (1972): Die Terrarientiere. Band 2. - Stuttgart (Verlag E. Ulmer): 299 S.

Olexa, A. (1979): The green python, *Chondropython viridis* (Schlegel, 1872) and its reproduction in captivity. - Gazella 2 (2): 83-87.

O'Shea, M. (1991): The reptiles of Papua New Guinea. - Brit. Herp. Soc. Bull. 37: 15-32.

O'Shea, M. (1996): A Guide to the snakes of Papua New Guinea. - Port Moresby (Independent Publishing). 239 S.

Parker, F. (1982): The snakes of Western Province. - Wildlife in Papua New Guinea 82 (1): 1-78.

Pillich, G. (1982): Eine harte Nuss: die Zucht des grünen Baumpythons. - Aquarien Mag. 16 (11): 656-658.

Richter, U. (1981): Künstlich erbrütet: Baumpythons. - Aquarien Mag. 15 (10): 677-679.

Richter, U. (1988): Künstlich erbrütete Baumpythons, *Chondropython viridis* (Schlegel). - DATZ 41 (7): 199.

Riley, J. & Self, J. (1981): Some observations on the taxonomy and systematics of the pentastomid genus *Armillifer* (Sambon, 1922) in south east Asian and Australian snakes. - Systematic Parasit. 2 (3): 171-179.

Ross A. & Marzec G. (1994): Riesenschlangen. Zucht und Pflege. - Ruhmannsfelden (Bede-Verlag): 247 S.

Schlegel, H. (1872): De dierentuin van net koninklijk zoölogisch Genootschap Natura Artis Magistra te Amsterdam. - Amsterdam (Gebr. van E. S.).

Schouten, J. (1984): Breeding results. *Chondropython viridis*. - Litteratura Serpentium 4 (1): 25-26.

Schouten, J. (1985): Experiences in keeping and breeding of the green tree python, *Chondropython viridis* (Schlegel, 1872), negative and positive results. - Litteratura Serpentium, 5 (4): 122-156.

Schröder, H. (1982): Ein ergänzender Nachweis zum Vorkommen von *Chondropython viridis* (Reptilia: Serpentes: Boidae). - Salamandra 18 (3/4): 359-360.

Shine, R. & Slip, D.J. (1990): Biological aspects of the adaptive radiation of Australasian pythons (Serpentes: Boidae). - Herpetologica 46 (3): 283-290.

SHINE, R. (1991): Australian Snakes - A natural History. - Balgowlah, New South Wales (Reed-Books): 223 S.

SMITH, G. (1976): Ecological energetics of three species of ectothermic vertebrates. - Ecology 57: 252.

STAFFORD, P.J. & HENDERSON, R.W. (1996): Kaleidoscopic Tree Boas. The Genus *Corallus* of Tropical America. - Malabar, Florida (Krieger): 86 S.

STEEHOUDER, T. (1986): Experiences with three specimens of *Chondropython viridis*. - Litteratura Serpentium 6 (3): 86-91.

SWITAK, K. (1973): The search for the green python. - Pacific Discovery 26 (1): 1-9.

SWITAK, K. (1975): Der Grüne Baumpython aus dem Land der Menschenfresser. - Aquarien Mag. 9 (9): 366-372.

SWITAK, K. (1996): Die Lebensgewohnheiten des grünen Baumpythons. *Chondropython viridis* in der Natur und im Terrarium. - TI-Magazin 129 (6): 48-51.

SWITAK, K. (1998): Der Grüne Baumpython *Morelia viridis*. - DATZ 51 (5): 318-324.

THOMSON, D.F. (1935): Preliminary notes on a collection of snakes from Cape York Peninsula. - Proc. Zool. Soc. Lond. 1935: 723-731.

TOFT, J. & SCHMIDT, R. (1975): Pseudophyllidean tapeworms in green tree pythons (*Chondropython viridis*). - Journal Zoo Anim. Med. 6 (2): 25-26.

TRUTNAU L. (1988): Schlangen im Terrarium. Band 1 Ungiftige Schlangen. - Stuttgart (Verlag E. Ulmer): 256 S.

UNDERWOOD, G. & STIMSON, A.F. (1990): A classification of pythons (Serpentes, Pythoninae). - J. Zool., London 221: 565-603.

VAN DER HEIJDEN, B. (1986): The husbandry and breeding of *Chondropython viridis*. - Litteratura Serpentium 6 (1): 4-12.

VAN MIEROP, L.H.S., WALSH, T. & MARCELLINI, D.L. (1982): Reproduction of *Chondropython viridis* (Reptilia, Serpentes, Boidae). - Sixth Annual Reptile Symposium on Captive Propagation and Husbandry: 265-274.

VAN RIEHL, C. (1981): Voortplanting van de groene boompython *(Chondropython viridis*) in het terrarium. - Lacerta 39 (6/7): 62-64.

VAN RIEL, C. (1987): *Chondropython viridis* - green tree python. - Litteratura Serpentium 7 (4): 155-156.

VERGNER, I. (1987): *Chondropython viridis*. Breeding and reproduction in the terrarium. Part 1. - Akvarium Terarium 30 (2): 29-32.

VERGNER, I. (1989): Successful breeding of the green tree python. - Ziva 37 (5): 230-232

VERGNER, I. (1994): Nachzucht des Grünen Baumpythons. - DATZ 47 (11): 726-728.

VOSBURGH, K. & ULLREY D. (1982): Ascorbic acid requirements of Garter snakes. - J. Zoo Anim. Med. 13: 38-42.

WALSH, T (1977): Husbandry and breeding of *Chondropython viridis*. - Nat. Assoc. for sound Wildlife Programs 1 (2): 10-22.

WALSH, T. (1979): Further notes on husbandry and breeding of *Chondropython viridis*. - Third Annual Reptile Symposium on Captive Propagation and Husbandry, R. A. Hahn (Hrsg.) Zool. Consortium (Thurmont, Maryland): 102-111.

WALSH, T. (1985): Husbandry and breeding of *Chondropython viridis*. - Newsletter of the Reptile Keepers' Association 8: 4-11.

WHITAKER, R., WHITAKER, Z. & MILLS, D. (1982): Reptiles of Papua New Guinea. - Wildlife in Papua New Guinea 82 (2): 1-53.

ZULICH, A.W. (1983): Notes on the maternal incubation of *Chondropython viridis* eggs. - J. North. Ohio Herpetol. Soc. 9 (1): 13-21.

ZULICH, A.W. (1984): Captive breeding, husbandry, and neonatal care of the green tree python *Chondropython viridis* with emphasis on maternal incubation of the eggs. - Eight Annual International Herpetological Symposium on Captive Propagation and Husbandry, MCKEOWN, S. & F. CAPORASO (Hrsg.): 114-118.

ZULICH, A.W. (1990): Green tree python. - Reptile and Amphibian Magazine 1990 (Sept.-Oct.): 2-6.

ZWINENBERG, A. (1972): Australische reptielen 8: de pythons van de genera *Aspidites*, *Chondropython* en *Morelia*. - Lacerta 30 (11): 137-142.

10. Glossar

adult: erwachsen, geschlechtsreif
amelanistisch: Fehlen des Farbstoffes Melanin (dunkler Farbton)
anatomisch: den Bau des Körpers betreffend
arboricol: auf Bäumen lebend
aspirieren: einatmen

Biotop: Lebensraum

Defäkationsfähigkeit: Fähigkeit, Kot auszuscheiden
Dislokation: Verschiebung der Wirbelsäulenknochen

endemisch: in der Verbreitung auf ein bestimmtes Gebiet beschränkt
Exsikkose: massiver Flüssigkeitsverlust, Austrocknung

Gastroenteritis: Magen-Darm-Schleimhautentzündung
gravid: trächtig
Gularia: Schuppen der Kopfunterseite

Habitat: Wohn- oder Standort einer Art
Hemiklitoris: Äquivalent zum männlichen Hemipenis
Hemipenis: männliches Kopulationsorgan
heterogen: uneinheitlich

Infralabiale (plural: Infralabialia): Unterlippenschild
Inkubation: Erbrüten von Eiern, Zeitigung
Internasale (plural: Internasalia): Zwischennasenschild
Intoxikation: Vergiftung
intramuskulär: Injektion in den Muskel
juvenil: jugendlich

kg KG: Kilogramm Körpergewicht
Kontraktion: Zusammenziehung (von Muskeln)
konvergierende Evolution: übereinstimmende Merkmale hinsichtlich Gestalt verschiedener Lebewesen, die in der stammesgeschichtlichen Entwicklung den gleichen Lebensraum erobert haben, aber nicht näher miteinander verwandt sind
Kopulation: Paarung

Labiale (plural: Labialia): Lippenschild
Läsion: Verletzung
molekulagenetisch: Teilgebiet der Genetik , das sich mit den Zusammenhängen zwischen der Vererbung und den chemisch-physikalischen Eigenschaften der Gene beschäftigt

monophyletisch: von einer Urform abstammend, eine geschlossene Abstammungsgemeinschaft bildend
morphologisch: die äußere Gestalt betreffend

Nasale (plural: Nasalia): Nasenschild
Neonat (plural: Neonaten): das Neugeborene

ontogenetisch: die Entwicklung einzelner Individuen betreffend
oral: durch das Maul verabreicht
ovipar: eierlegend
ovovivipar: lebendgebärend

paraphyletisch: nicht eine geschlossene Abstammungsgemeinschaft bildend
Pheromon: hormonartiger Stoff, der in bestimmten Drüsen gebildet wird und in die Umgebung abgegeben wird. Er löst bei Artgenossen bestimmte Antwortreaktionen aus.

phylogenetisch: die Stammesgeschichte betreffend
Phylogenie: Stammesgeschichte der Lebewesen
Präferenz: Bevorzugung
Prämaxillarzähne: vordere Oberkieferzähne

Resistenztest: Antibiogramm, Empfindlichkeitsprüfung von Bakterienkulturen gegenüber Antibiotika
Resorption: Aufnahme
reversibel: umkehrbar
Revision: wörtlich "erneute Sichtung" (eines Problems); umfassende Bearbeitung einer taxonomischen Gruppe
Rezeptoren: innere Organe zur Aufnahme von Reizen
Rostrale (plural: Rostralia): Schnauzenschuppe
Rudimente: Überbleibsel
saisonal: einen bestimmten Zeitabschnitt betreffend

Selektionszüchtung: Auswahlzüchtung, Auslese
semiadult: noch nicht geschlechtsreif, halb erwachsen
Sepsis: Allgemeininfektion mit Ausbreitung von Bakterien
Septikämie: Blutvergiftung
Subcaudalia: Schuppen der Schwanzunterseite
subkutan: unter die Haut injiziert
Supralabiale (plural: Supralabialia): Oberlippenschild
Supraorbital-Knochen: oberhalb der Augenhöhle gelegen

Taxonomie: Einordnung der Lebewesen in ein biologisches System
thermoregulatorisches Verhalten: hier: Muskelkontraktionen zur Erhöhung der Körpertemperatur
thermosensorische Grubenorgane: wärmeempfindliches Sinnesorgan zum Aufspüren von Beutetieren
Trachealspülung: Spülung der Luftröhre zur bakteriologischen, mykologischen oder parasitologischen Untersuchung

Ventralia: Bauchschilde

11. Anhang

Fortpflanzungsablauf in der Übersicht

Gesteuerter Temperaturverlauf (vgl. Abb. 40, S. 50)

08. November 1995	Weibchen hat sich gehäutet
10. November 1995	Temperaturzyklus wird verändert
13. November 1995	Erster Paarungsversuch
15. November 1995	Männchen verweigert die Nahrung
04. Dezember 1995	Zweiter Paarungsversuch
17. Dezember 1995	Dritter Paarungsversuch
05. Januar 1996	Vierter Paarungsversuch
22. Januar 1996	Weibchen verweigert die Nahrung
03. März 1996	Männchen frißt wieder
09. März 1996	Weibchen hat sich gehäutet
12. März 1996	Brutkasten wird angebracht
20. März 1996	Brutkasten wird angenommen, zeitweise wieder verlassen
24. März 1996	Brutkasten wird nicht mehr verlassen
30. März 1996	Eiablage
20. Mai 1996	Schlupf der Jungtiere
23. Mai 1996	Weibchen frißt wieder

Die Tiere wurden das gesamte Jahr über zusammen gehalten.

Witterungsabhängiger Temperaturverlauf (vgl. Abb. 39, S. 50)

23. September 1997	Männchen verweigert die Nahrung
03. Oktober 1997	Weibchen häutet sich
09. Oktober 1997	Tiere werden zusammengesetzt/erster Paarungsversuch
17. Oktober 1997	Zweiter Paarungsversuch
21. Oktober 1997	Dritter Paarungsversuch
23. Oktober 1997	Weibchen verweigert die Nahrung
25. Oktober 1997	Geschlechter werden getrennt
13. Dezember 1997	Weibchen hat sich gehäutet
15. Dezember 1997	Brutkasten wird angebracht
22. Dezember 1997	Brutkasten wird angenommen, zeitweise wieder verlassen
28. Dezember 1997	Brutkasten wird nicht mehr verlassen
05. Januar 1998	Eiablage
27. Januar 1998	Schlupf der Jungtiere
28. Januar 1998	Weibchen frißt wieder
08. April 1998	Männchen frißt wieder (6 1/2 Monate Futterpause) Gewichtsverlust ca. 200 g

Die Tiere wurden das gesamte Jahr über getrennt gehalten.

Erfassungsbogen Aufzucht

Kopfzeichnung

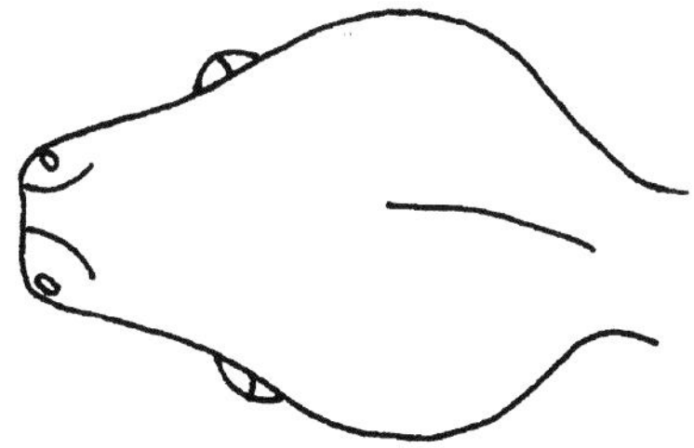

Elterntiere:

Schlupfdatum:

Gewicht:

Färbung:

Registriernummer:

Fütterungstabelle

Datum	Anzahl Mäuse[1]	gekotet am	Bemerkungen[2]

[1] **N** = nestjunge Maus
S = Springer

[2] **S** = spontan angenommen
P = präparierte Maus (mit Federn)
Z = zwangsgefüttert

Häutungen

Datum	Länge der Haut	Bemerkungen[3]

Datum	Länge der Haut	Bemerkungen[3]

[3] **S** = in einem Stück
F = in Fetzen
R = Häutungsreste

(zum Kopieren)

aus: Weier/Vitt: Der Grüne Baumpython, 1999
ISBN 3-9806214-1-3

12. Stichwortregister

Inkubation von Reptilieneiern

Grundlagen, Anleitungen, Erfahrungen
von Gunther Köhler

205 S., 68 Farbfotos, 20 Schwarzweißfotos und 66 Zeichnungen und Diagramme, Festeinbd., 78,– DM

„Die gesamten Themen ‚rund ums Reptilienei' sind gut dargestellt und mit beeindruckender Gründlichkeit recherchiert und zusammengestellt.
. . . sicherlich das wichtigste und beste allgemein terrarienkundliche Werk der letzten Jahre . . ."
H. WERNING [1997: Reptilia 2 (4)].

„Das Buch ist für Terrarianer sowie für Herpetologen besonders wertvoll und wird zur Optimierung der Zuchtbemühungen beitragen."
Prof. Dr. W. KIRSCHE [1997: Elaphe N.F. 5 (3)].

Weitere Themen im Programm:

- **Reptilien und Amphibien Mittelamerikas** (in 3 Bänden) von G. Köhler
  Band 1: Echsen, ca. 200 Seiten, viele Farbfotos; Vorbestellpreis ca. DM 48,00
  (Vorbestellpreis gilt bis zum Erscheinen); erscheint ca. III. Quartal '99
- **Krötenechsen** Lebensweise, Pflege und Zucht von B. Baur & R.R. Montanucci
  160 Seiten, 57 Farbf., DM 59,90
- **Der Grüne Leguan** 3. stark erweiterte Neuauflage 1998
  Biologie, Pflege und Zucht und Erkrankungen von G. Köhler, 160 S., 90 Farbf., DM 58,00
- **Videofilm Der Grüne Leguan**, Pflege und Zucht
  VHS, Farbe, 80 Min., DM 39,90
- **Basilisken** Lebensweise, Pflege und Zucht von G. Köhler
  107 Seiten, 28 Farbf., DM 29,80
- **Schwarze Leguane** Lebensweise, Pflege und Zucht von G. Köhler
  126 Seiten, 23 Farbf., DM 29,80
- **Dornschwanzagamen** Lebensweise, Pflege und Zucht von T. Wilms
  130 Seiten, 27 Farbfotos; DM 34,90
- **Warane** Lebensweise, Pflege und Zucht von B. Eidenmüller
  160 S., 63 Farbf.; DM 48,00

Unsere Bücher erhalten Sie im guten Fachhandel oder direkt beim Verlag. Fordern Sie unseren kostenlosen Verlagsprospekt an!

HERPETON
Verlag Elke Köhler
Im Mittelfeld 27, D-63075 Offenbach
Tel. 069-86777266, Fax: 069-86777571

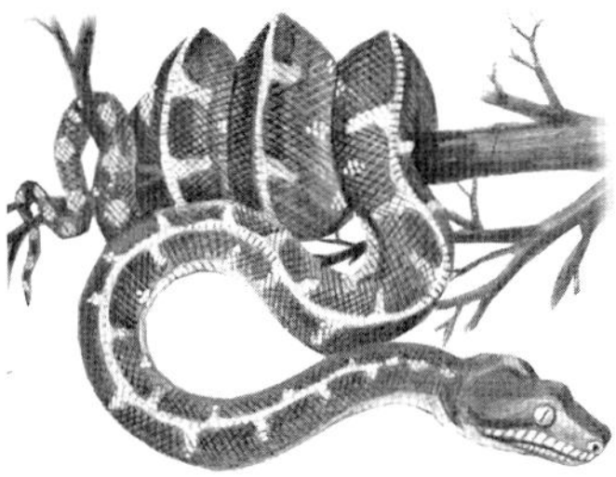

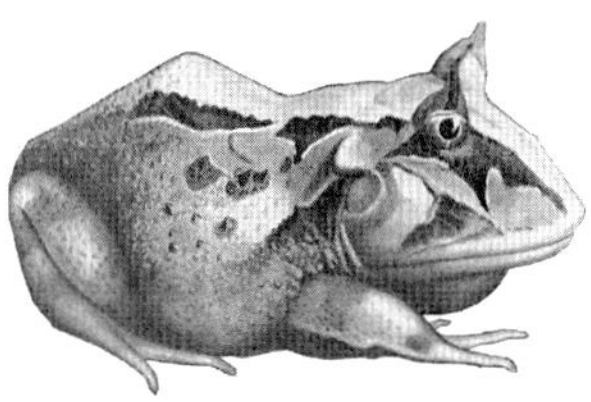

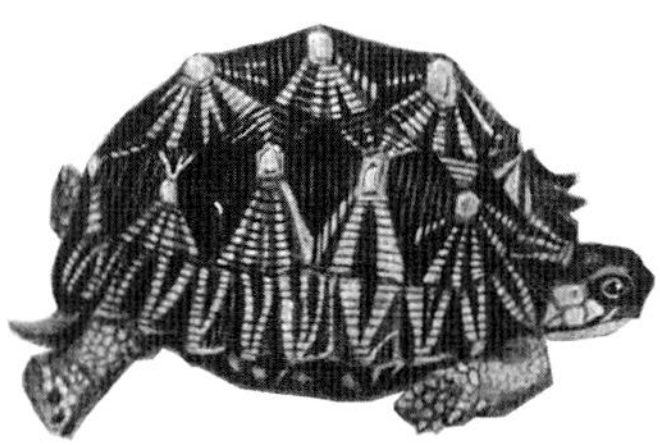

DGHT